Ein herzliches Dankeschön an die Unternehmen und Institute,
die dieses Buch möglich gemacht haben:

LASER COMPONENTS

COHERENT

HAMAMATSU
PHOTON IS OUR BUSINESS

rofin

ZEISS

TRUMPF

BERLINER GLAS

Fraunhofer ILT

Heraeus

TOPTICA PHOTONICS

OSRAM

Berlin Adlershof

II-VI DEUTSCHLAND

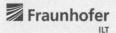

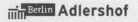

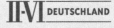

PHOTONIK

Technische Anwendungen des Lichts

INFOGRAFIKEN

INHALT

GRUNDLAGEN

01

WAS IST PHOTONIK?

Photonik ist die Erzeugung, Übertragung und Nutzung von Licht und anderer elektromagnetischer Strahlung. Die Photonik bietet Lösungen für die globalen Herausforderungen unserer Zeit.

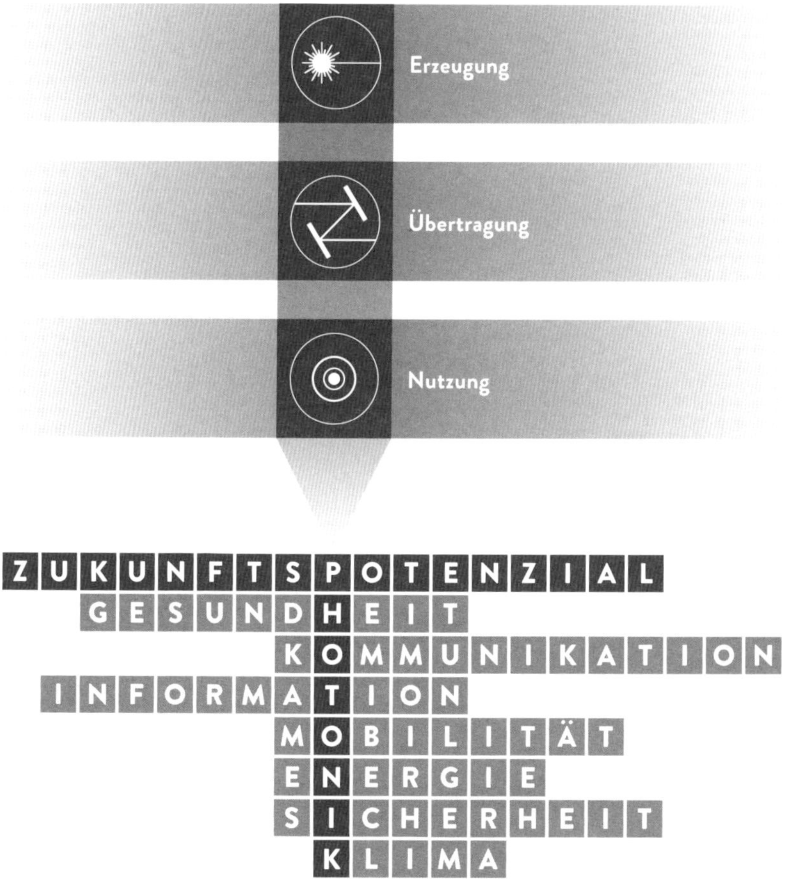

02

KLEINSTE PUNKTE

Licht lässt sich auf extrem kleine Durchmesser fokussieren.

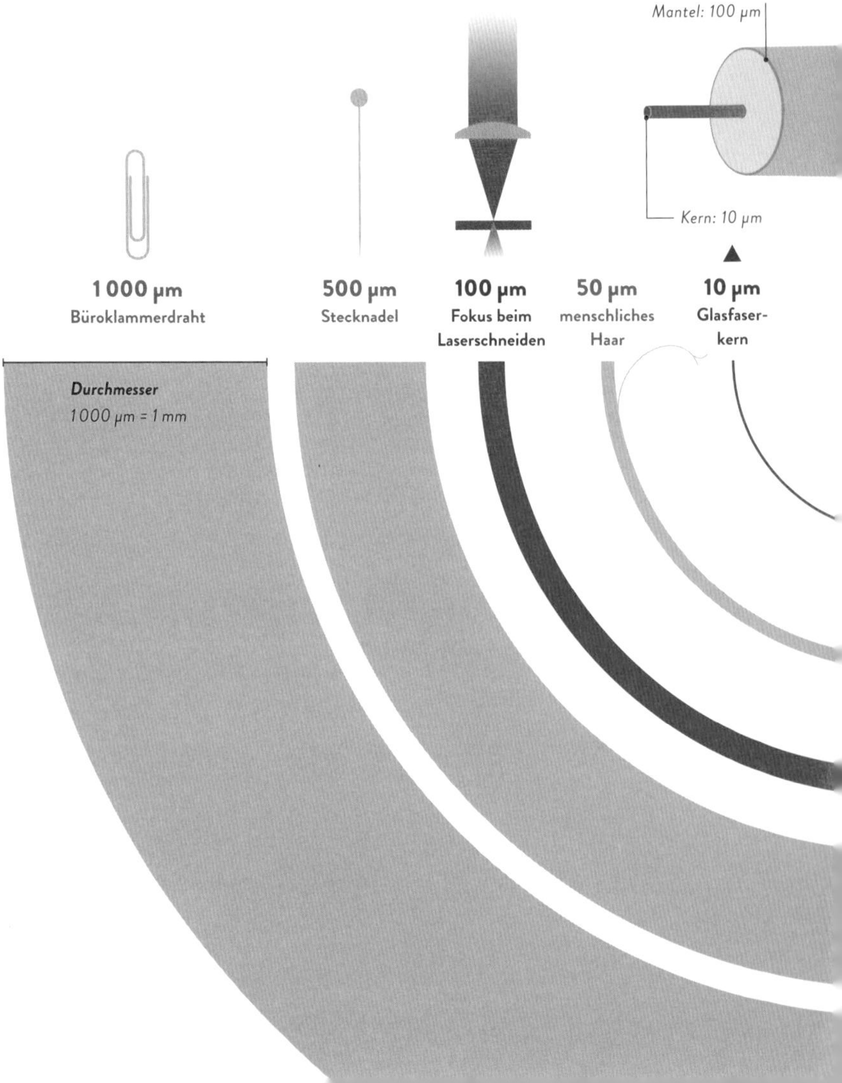

03

HÖCHSTE GESCHWINDIGKEIT

Nichts ist schneller als Licht.
Die Lichtgeschwindigkeit beträgt 299 792 458 m/s.

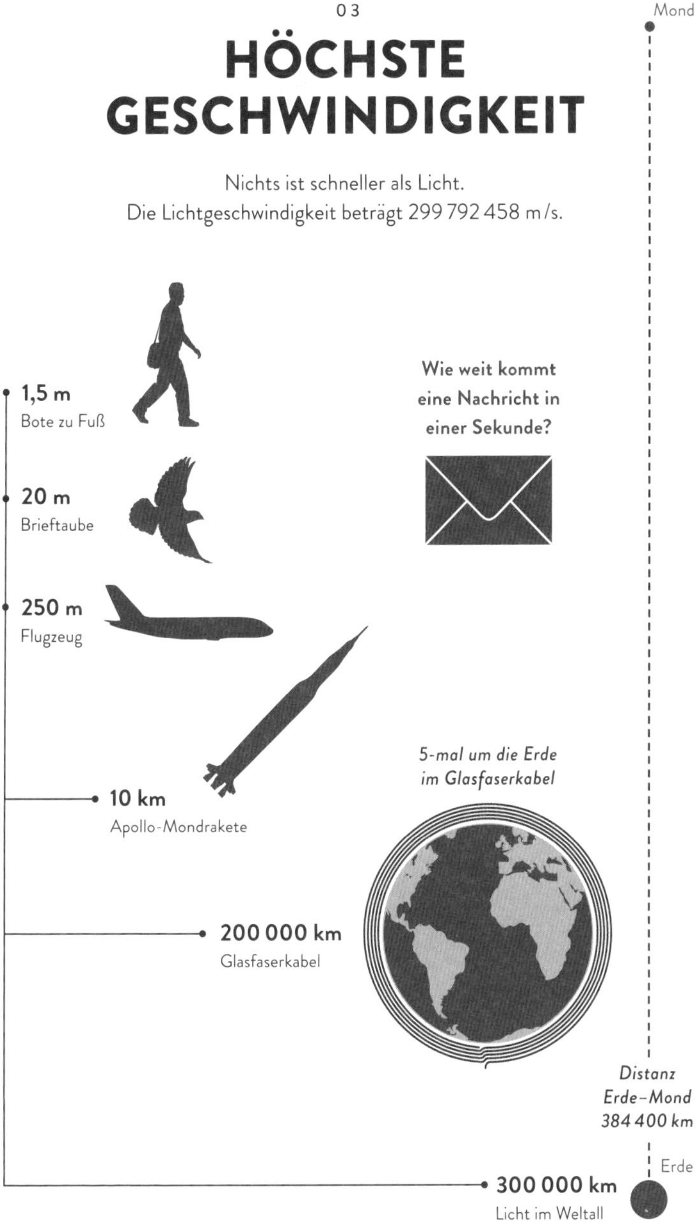

04

KÜRZESTE ZEITEN

Licht macht auch die schnellsten Ereignisse messbar.

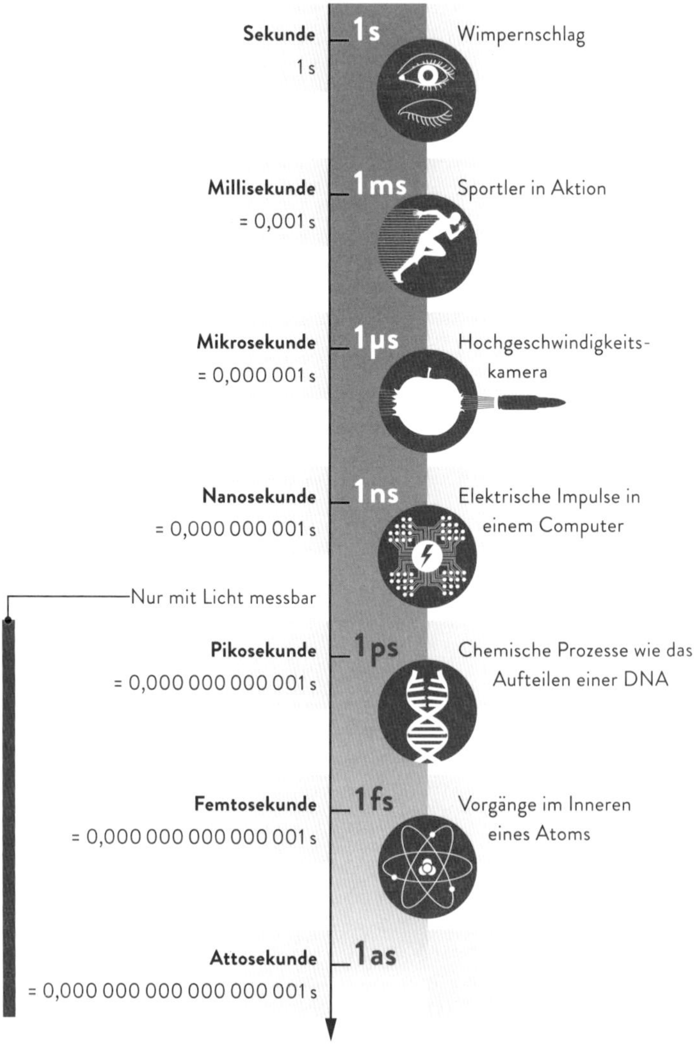

05

HÖCHSTE LEISTUNGEN

Mit gepulsten Lasern können Leistungen erreicht werden, die alles Bekannte um Größenordnungen übertreffen. Möglich wird dies durch Konzentration der Laserleistung auf sehr kurze Femtosekunden-Pulse.

LEISTUNGSVERGLEICH

Weltweit generierte Leistung der Elektrizitätskraftwerke

2,6 Terawatt = 2 600 Gigawatt

Generierte Leistung des Berkeley Lab Laser Accelerator

1 Petawatt = 1 000 000 Gigawatt

ca. 400-mal

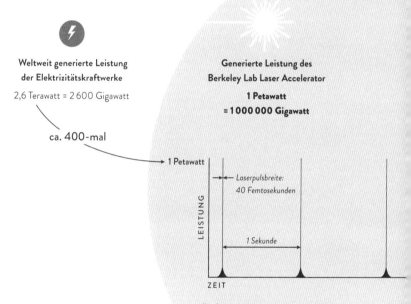

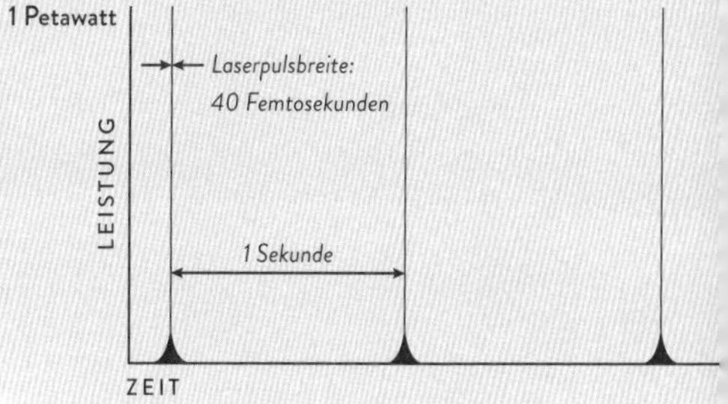

Die Spitzenleistungen werden periodisch für sehr kurze Zeitintervalle erreicht.

06

UNGESTÖRTE ÜBERLAGERUNGS-FÄHIGKEIT

Dutzende Datensignale können in einer einzigen Glasfaser eingekoppelt und auf der Empfängerseite wieder getrennt werden. Die Signale können sehr fein anhand ihrer Wellenlänge (Spektralfarbe), Polarisierung und Phase unterschieden werden.

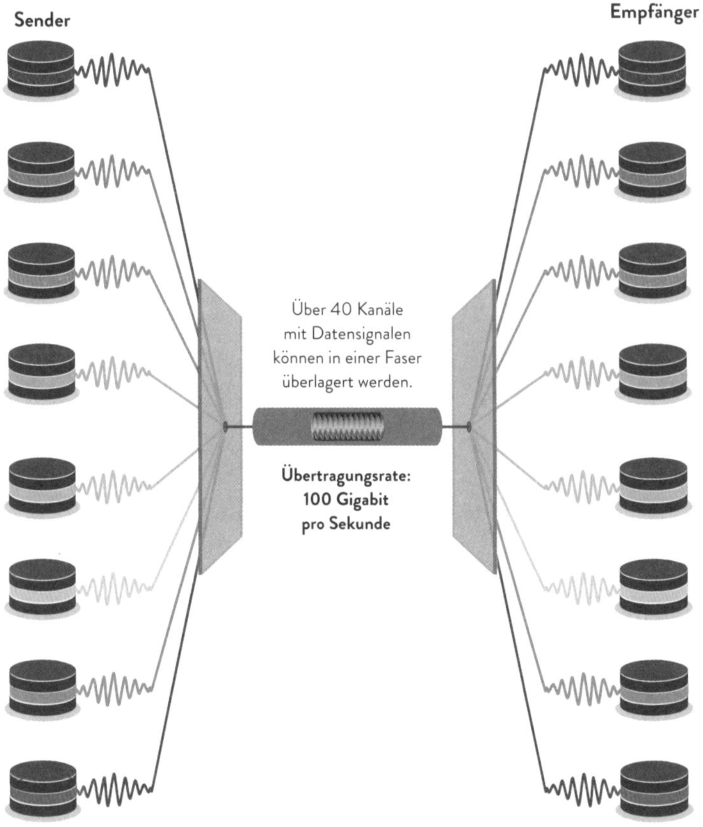
Sender
Empfänger
Über 40 Kanäle mit Datensignalen können in einer Faser überlagert werden.
Übertragungsrate: 100 Gigabit pro Sekunde

07

LICHTSPEKTRUM

Licht ist der für das Auge sichtbare, sehr kleine Teil des elektromagnetischen Spektrums im Wellenlängenbereich von 380 bis 780 Nanometern.

SPEKTRALE EMPFINDLICHKEIT DES AUGES AM TAG

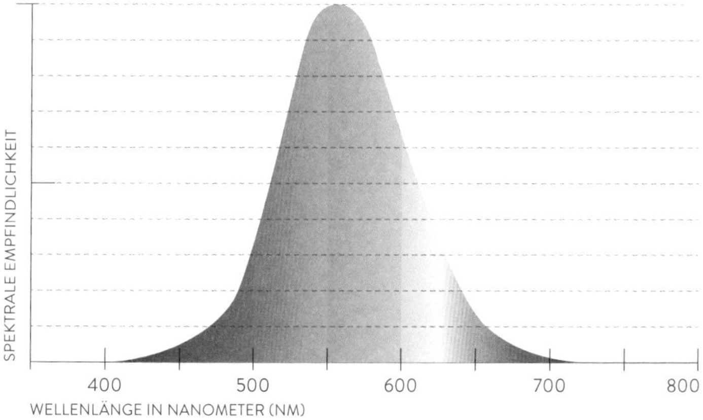

SPEKTRALE VERTEILUNG DES SONNENLICHTS AUF DER ERDE

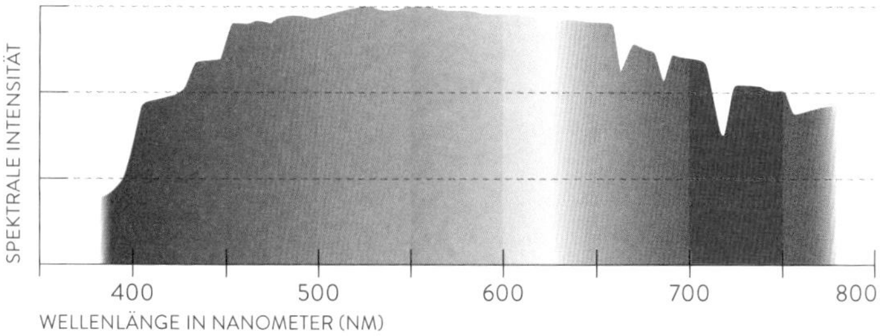

08

UNSICHTBARES REICH DER PHOTONIK

Photonische Anwendungen nutzen ein sehr weites elektromagnetisches Spektrum, das für den Menschen überwiegend nicht sichtbar ist.

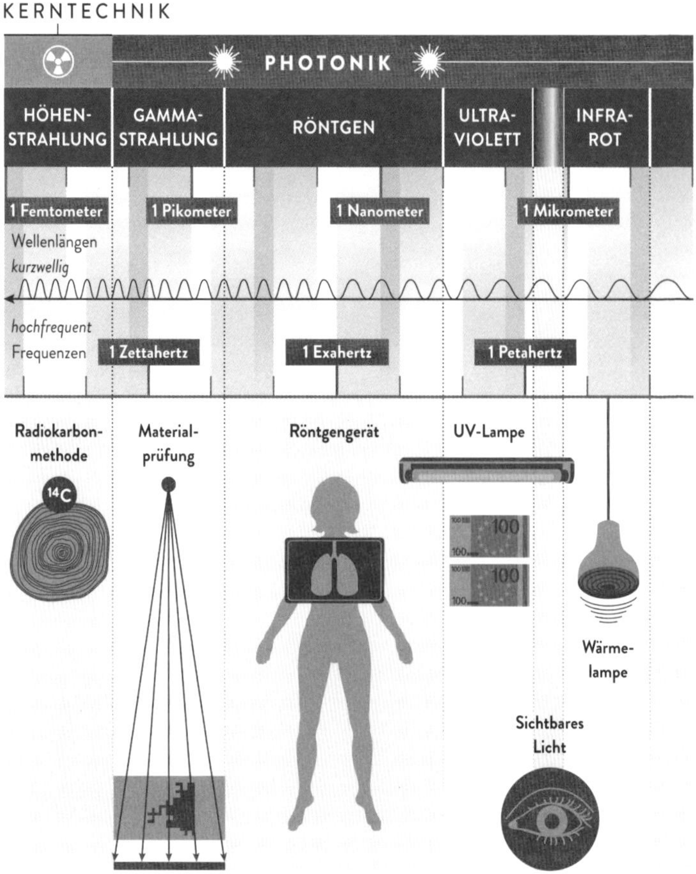

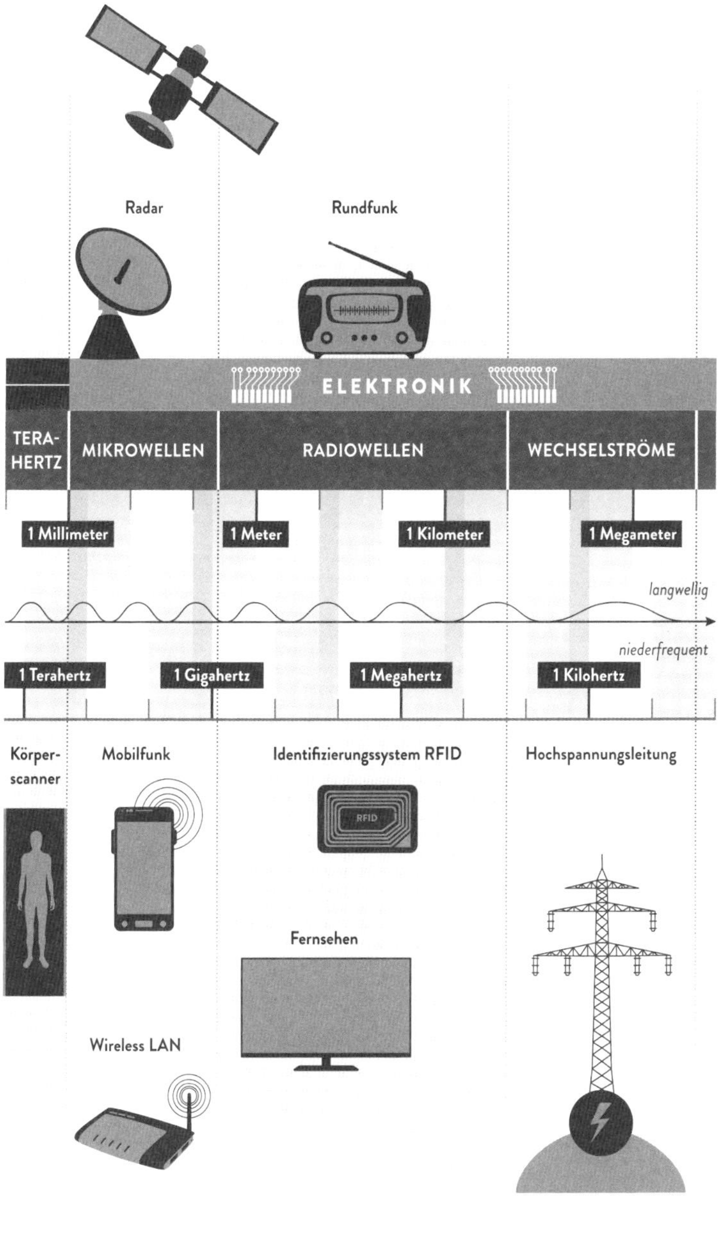

Radar
Rundfunk
ELEKTRONIK
TERA-
HERTZ
MIKROWELLEN
RADIOWELLEN
WECHSELSTRÖME
1 Millimeter
1 Meter
1 Kilometer
1 Megameter
langwellig
niederfrequent
1 Terahertz
1 Gigahertz
1 Megahertz
1 Kilohertz
Körper-
scanner
Mobilfunk
Identifizierungssystem RFID
RFID
Hochspannungsleitung
Fernsehen
Wireless LAN

09

KÜRZERE WELLENLÄNGEN

Die Wellenlänge des Lichts hat großen Einfluss auf die Leistungsfähigkeit optischer Systeme. Kürzere Wellenlängen ermöglichen kleinere Fokusdurchmesser und damit größere Schreibdichten auf Datenträgern.

WELLENLÄNGEN VON OPTISCHEN DATENTRÄGERN

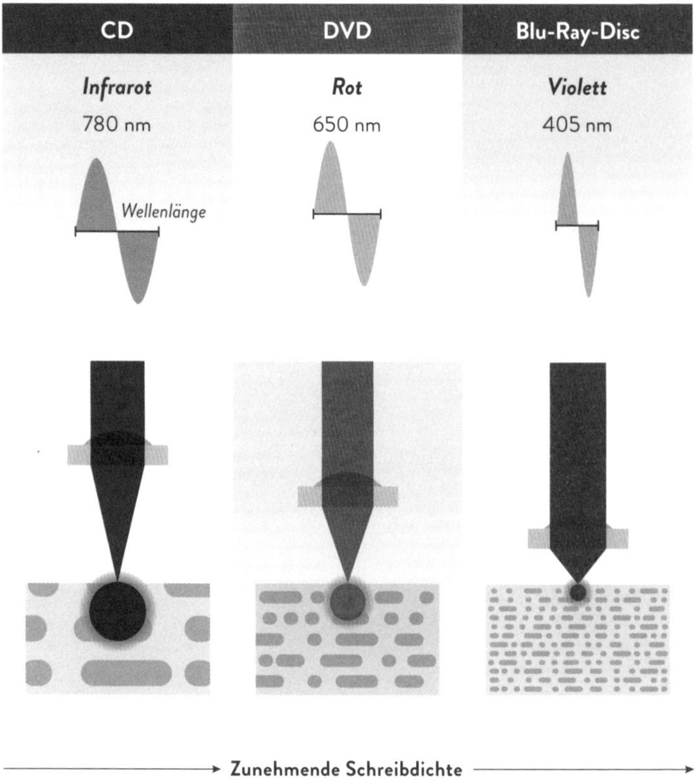

10

FENSTERGLAS vs. GLASFASER

Glas ist der wichtigste Baustein optischer Systeme. Zwischen dem vertrauten Fensterglas und technischen Gläsern in der Photonik liegen allerdings Welten.

LICHTDURCHLÄSSIGKEIT VON GLAS

Wie dick können unterschiedliche Glaskörper sein, damit noch 1 % des ausgesendeten Lichts durchgelassen wird?

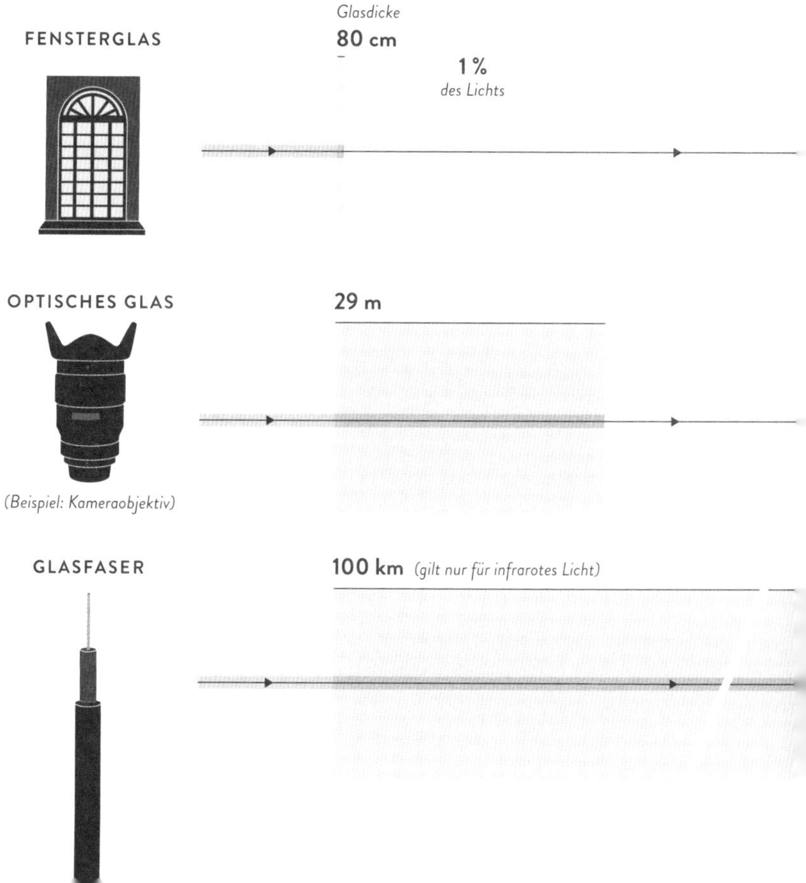

11

SPIEGEL vs. LASERSPIEGEL

Viele optische Komponenten sind in ihrer Grundform auch im Haushalt zu finden. Die in der Photonik verwendeten Komponenten zeichnen sich dagegen durch höchste Genauigkeit und technische Finesse aus.

ALLTAGSSPIEGEL
AUFBAU

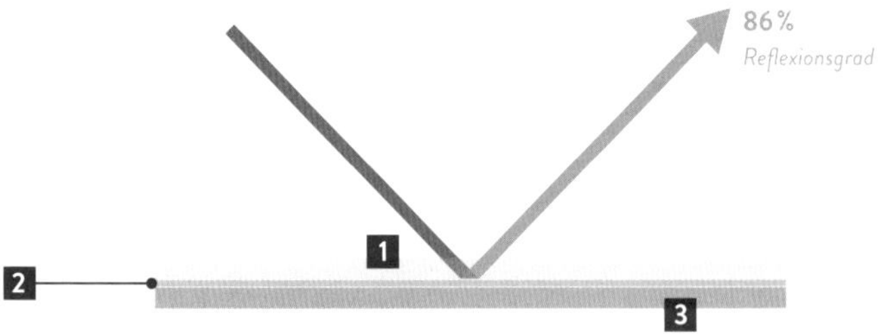

1 Glasplatte

2 Rückseitige Silberschicht

3 Schutzschicht

LASERSPIEGEL
AUFBAU

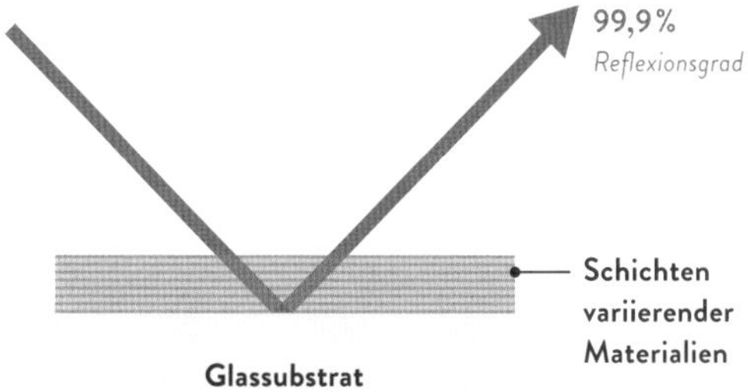

Auf einem Substrat werden auf der Vorderseite meistens 20 bis 50 Schichten von 100 bis 200 Nanometern Dicke aufgetragen. Dadurch wird ein extrem hoher Reflexionsgrad erreicht.

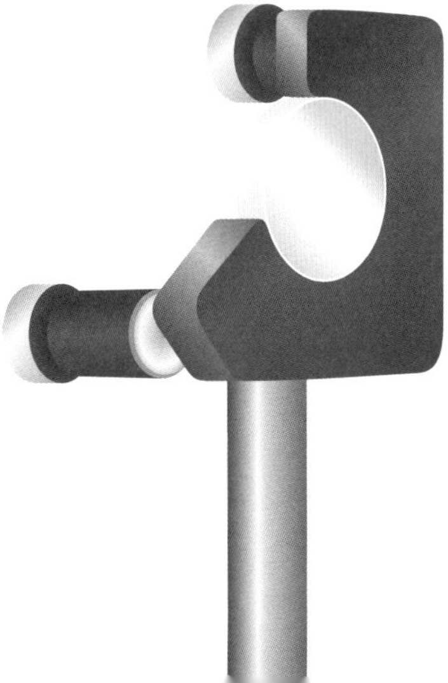

Laserspiegel in Justierhalterung

12

LASER-TYPEN

Laser sind der zentrale Baustein vieler Photonik-Anwendungen. Die unzähligen Laser-Typen setzen sich stets aus den gleichen Grundelementen zusammen, obwohl deren Form stark variiert.

Grundelemente

- Aktives Medium = angeregte Atome oder Moleküle
- Energiezufuhr = Pumpe ■ optisch ■ elektrisch
- Resonator (Endspiegel und Auskoppelspiegel)
- Laserstrahl

DIODENLASER

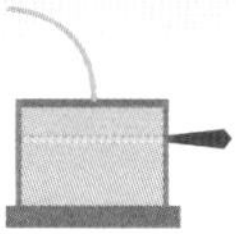

FASERLASER

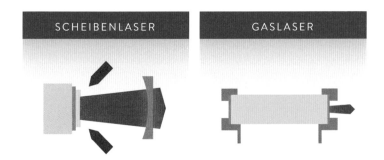

SCHEIBENLASER

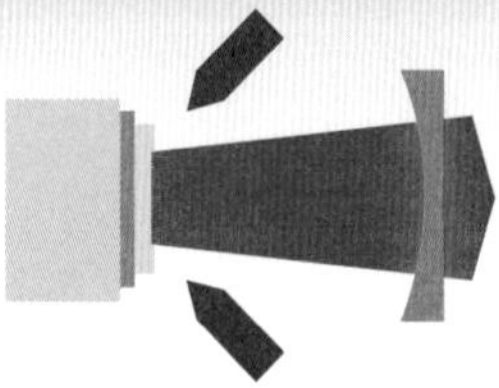

GASLASER

13

LASER vs. SONNE

Während konventionelle Strahlquellen ihre Energie in alle Raumrichtungen abgeben, bündeln Laser das ausgestrahlte Licht sehr effzient in nahezu parallele Lichtstrahlen kleinen Durchmessers.

LEISTUNGSVERGLEICH

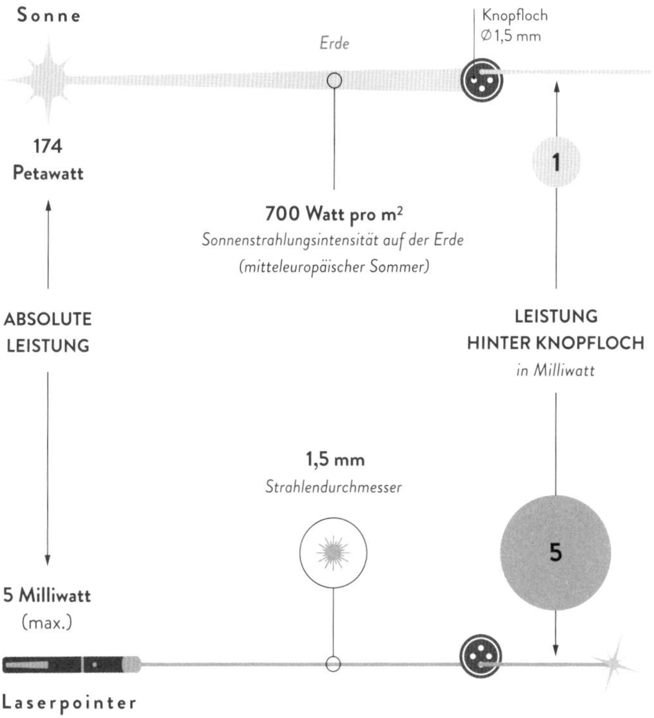

PRODUKTIONSTECHNIK

14

ABBILDUNG KLEINSTER STRUKTUREN

Moderne Technik benötigt leistungsfähige Elektronik auf kleinstem Raum. Dank optischer Technologien gelingt es, immer kleinere Elektronikbauteile auf Halbleiterchips zu strukturieren.

ENTWICKLUNG DER HALBLEITER-HERSTELLUNGS-PROZESSE

Die Abbildung immer kleinerer Strukturen verlangt nach Lichtquellen mit sehr kurzen Wellenlängen.

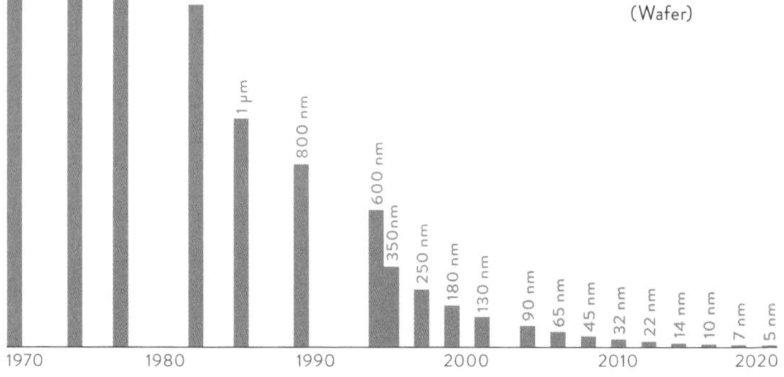

OPTISCHER STRAHLENWEG

Das bereits verwendete extrem ultraviolette (EUV) Licht mit einer Wellenlänge von nur 13,5 Nanometern erfordert den Einsatz einer reinen Spiegeloptik mit extrem genauer Geometrie.

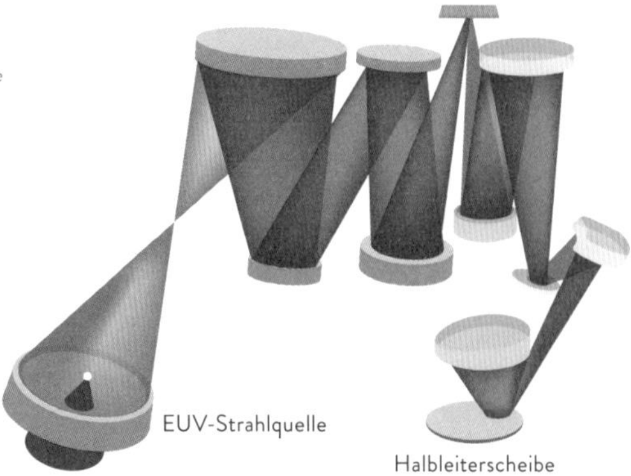

15

PRÄZISES LASERBOHREN

Ultrakurzpulslaser bohren unterschiedlich große, exakt geformte Einspritzdüsen, die den Kraftstoff optimal verteilen. Dank der Laserpräzisionsbearbeitung werden bis zu 30 % Treibstoff eingespart.

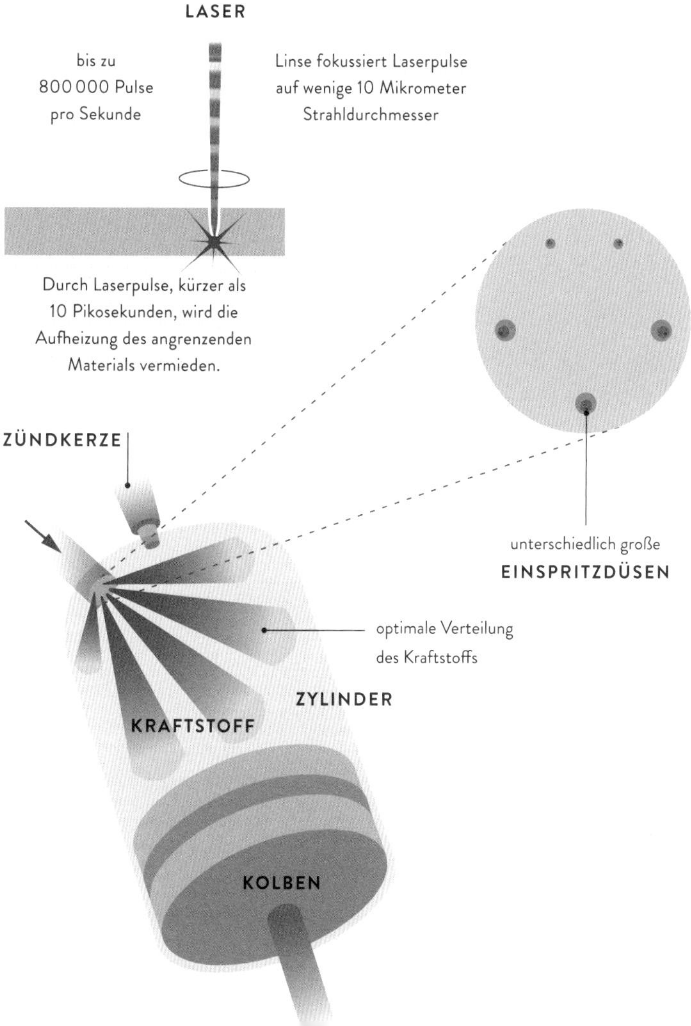
LASER
bis zu 800 000 Pulse pro Sekunde
Linse fokussiert Laserpulse auf wenige 10 Mikrometer Strahldurchmesser
Durch Laserpulse, kürzer als 10 Pikosekunden, wird die Aufheizung des angrenzenden Materials vermieden.
ZÜNDKERZE
unterschiedlich große
EINSPRITZDÜSEN
optimale Verteilung des Kraftstoffs
ZYLINDER
KRAFTSTOFF
KOLBEN

16

LASERSCHNEIDEN

Laserschneiden ermöglicht eine sehr schnelle Bearbeitung von Werkstoffen mit geringem Materialverlust. Damit ist das Verfahren äußerst energieeffizient.

EFFIZIENZ- UND LEISTUNGSVERGLEICH VON FRÄSER UND LASER

Schneiden von 5 Millimeter dicken Stahlplatten auf einer Länge von einem Meter

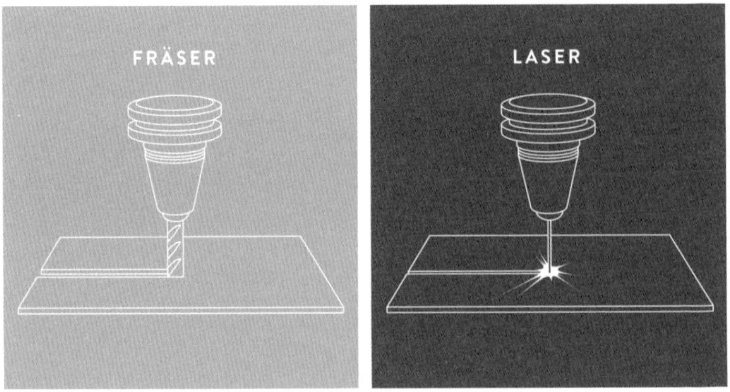

SCHNITTBREITE

(Millimeter)

10

0,4

WERKZEUGLEISTUNG *(Kilowatt)*

0,4

20

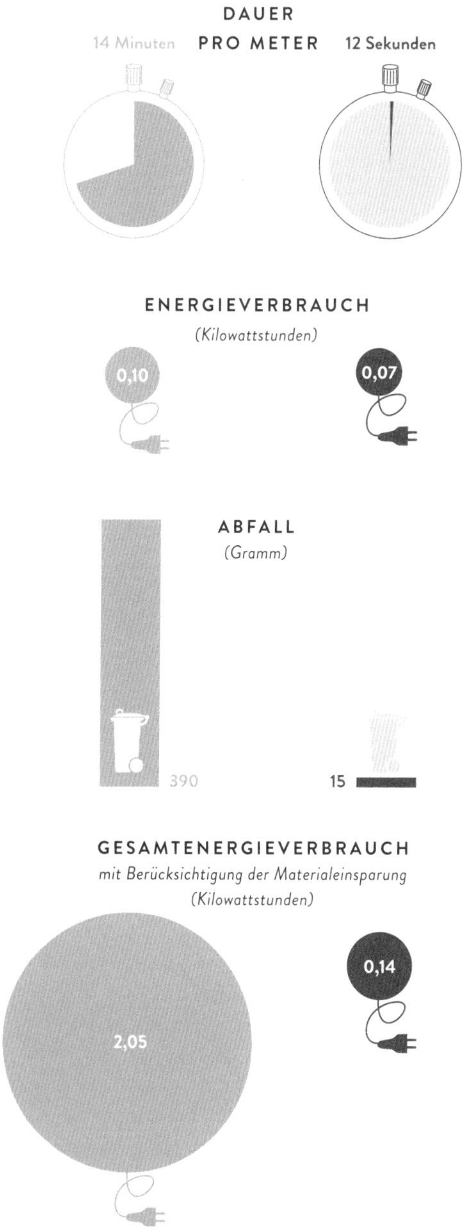
DAUER
14 Minuten
PRO METER
12 Sekunden
ENERGIEVERBRAUCH
(Kilowattstunden)
0,10
0,07
ABFALL
(Gramm)
390
15
GESAMTENERGIEVERBRAUCH
mit Berücksichtigung der Materialeinsparung
(Kilowattstunden)
2,05
0,14

17

SMARTPHONES DANK LASER

Hunderttausende Smartphones werden tagtäglich hergestellt. Um im harten Wettbewerb bestehen zu können, sind für die Hersteller Qualität und Effizienz der Produktion von entscheidender Bedeutung. Laser sind dabei der Schlüssel zum Erfolg.

LASERTYPEN

- Faserlaser
- UV-Festkörperlaser
- Festkörperlaser
- CO_2-Laser
- Ultrakurzpulslaser
- UV-Excimerlaser
- IR-Diodenlaser

BEARBEITUNG

- / Kante
- ⋰ Muster
- □ Fläche
- ∴ Löcher

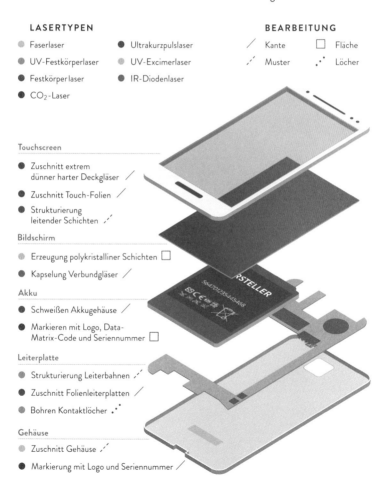

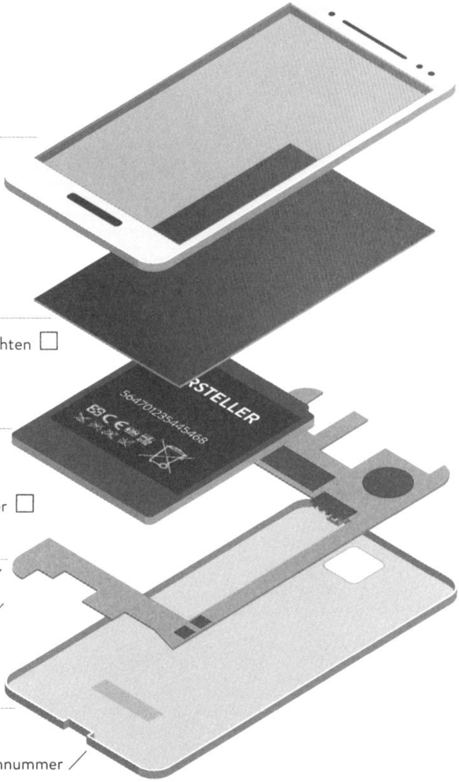

Touchscreen

- Zuschnitt extrem dünner harter Deckgläser /
- Zuschnitt Touch-Folien /
- Strukturierung leitender Schichten ⋰

Bildschirm

- Erzeugung polykristalliner Schichten □
- Kapselung Verbundgläser /

Akku

- Schweißen Akkugehäuse /
- Markieren mit Logo, Data-Matrix-Code und Seriennummer □

Leiterplatte

- Strukturierung Leiterbahnen ⋰
- Zuschnitt Folienleiterplatten /
- Bohren Kontaktlöcher ∴

Gehäuse

- Zuschnitt Gehäuse ⋰
- Markierung mit Logo und Seriennummer /

18

3D-DRUCK

Mithilfe des selektiven Laserschmelzens lassen sich anhand einer Computerzeichnung aus Kunststoffen, Keramiken und Metallen komplexe Körper fertigen. Zahnersatz und Implantate gehören zu der rasant wachsenden Zahl von Anwendungen.

ALLGEMEINES FUNKTIONSPRINZIP

Digitales Modell des Objektes wird in Schichtmodell umgewandelt.

Die Pulverschicht wird aufgetragen.

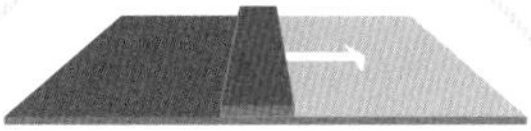

Die Bauplattform senkt sich um jeweils eine Schicht.

1

Das Pulver verschmilzt im Bauteilquerschnitt nach den Vorgaben des Schichtmodells.

2

Das Auftragen, Verschmelzen und Senken wiederholt sich, bis das Objekt fertig ist.

3

Zum Schluss wird das nicht geschmolzene Material entfernt. Übrig bleibt nur das Objekt.

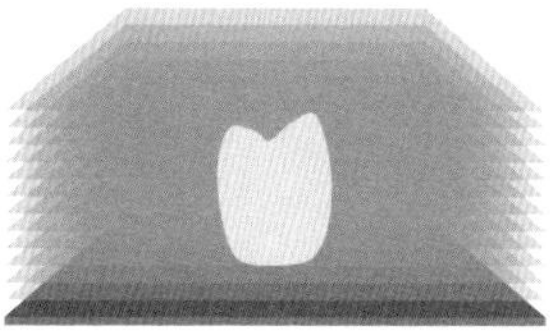

DATENÜBERTRAGUNG

19

GLASFASER-NETZWERK

1988 ging mit TAT-8 das erste transatlantische Glasfaserkabel in Betrieb. Schnell verdrängte die Glasfaser das Kupferkabel, um dem schnell steigenden Kapazitätsbedarf gerecht zu werden. Heute vernetzen Unterseekabel mit Kapazitäten bis zu einigen Terabit pro Sekunde die gesamte Erde.

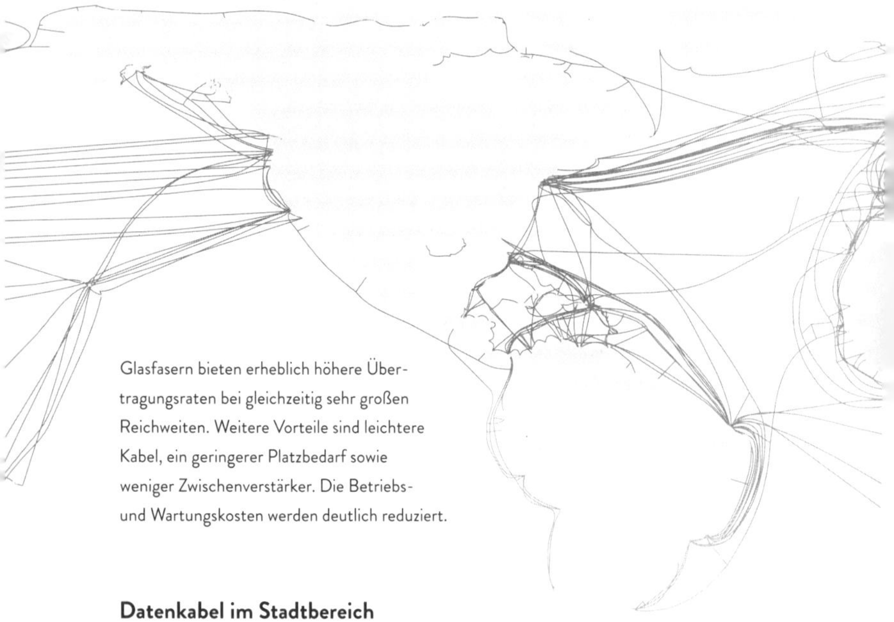

Glasfasern bieten erheblich höhere Übertragungsraten bei gleichzeitig sehr großen Reichweiten. Weitere Vorteile sind leichtere Kabel, ein geringerer Platzbedarf sowie weniger Zwischenverstärker. Die Betriebs- und Wartungskosten werden deutlich reduziert.

Datenkabel im Stadtbereich

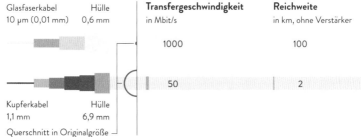

Kabel	Hülle	Transfergeschwindigkeit in Mbit/s	Reichweite in km, ohne Verstärker
Glasfaserkabel 10 µm (0,01 mm)	0,6 mm	1000	100
Kupferkabel 1,1 mm	6,9 mm	50	2

Querschnitt in Originalgröße

Lebensdauer in Jahren	Gewicht 100 m Kabel in kg	Energieverbrauch in Watt pro User
50	0,6	2
5	5,8	10

20

LASERKOMMUNIKATION IM WELTRAUM

Die Freistrahl-Laserkommunikation zwischen erdnahen und geostationären Satelliten ermöglicht die schnelle Datenübertragung zu einer Bodenstation. Lebenswichtige Daten bei Naturkatastrophen und Seenotfällen können so nahezu in Echtzeit empfangen werden.

VORTEILE DES LASERS

GROSSE DATENMENGEN
1,8
Gigabit pro Sekunde entspricht ca. 500 Musiktiteln pro Sekunde

KEINE LIMITIERUNG
durch Frequenzreservierungen

GERINGERER ENERGIEVERBRAUCH
verlängert die Lebensdauer

KG

WENIGER MASSE
spart Kosten

LASER UND OPTIKEN WERDEN HÖCHSTEN ANFORDERUNGEN GERECHT

KLEINSTE TOLERANZEN
zum Generieren eines gebündelten Laserstrahls über größte Entfernungen

stabil gegen große **TEMPERATURUNTERSCHIEDE**

überstehen starke **VIBRATIONEN** und **BESCHLEUNIGUNGEN** bei Raketenstarts

über **15** Jahre **WARTUNGSFREI**

RESISTENT
gegen UV- und Gammastrahlung im Weltraum

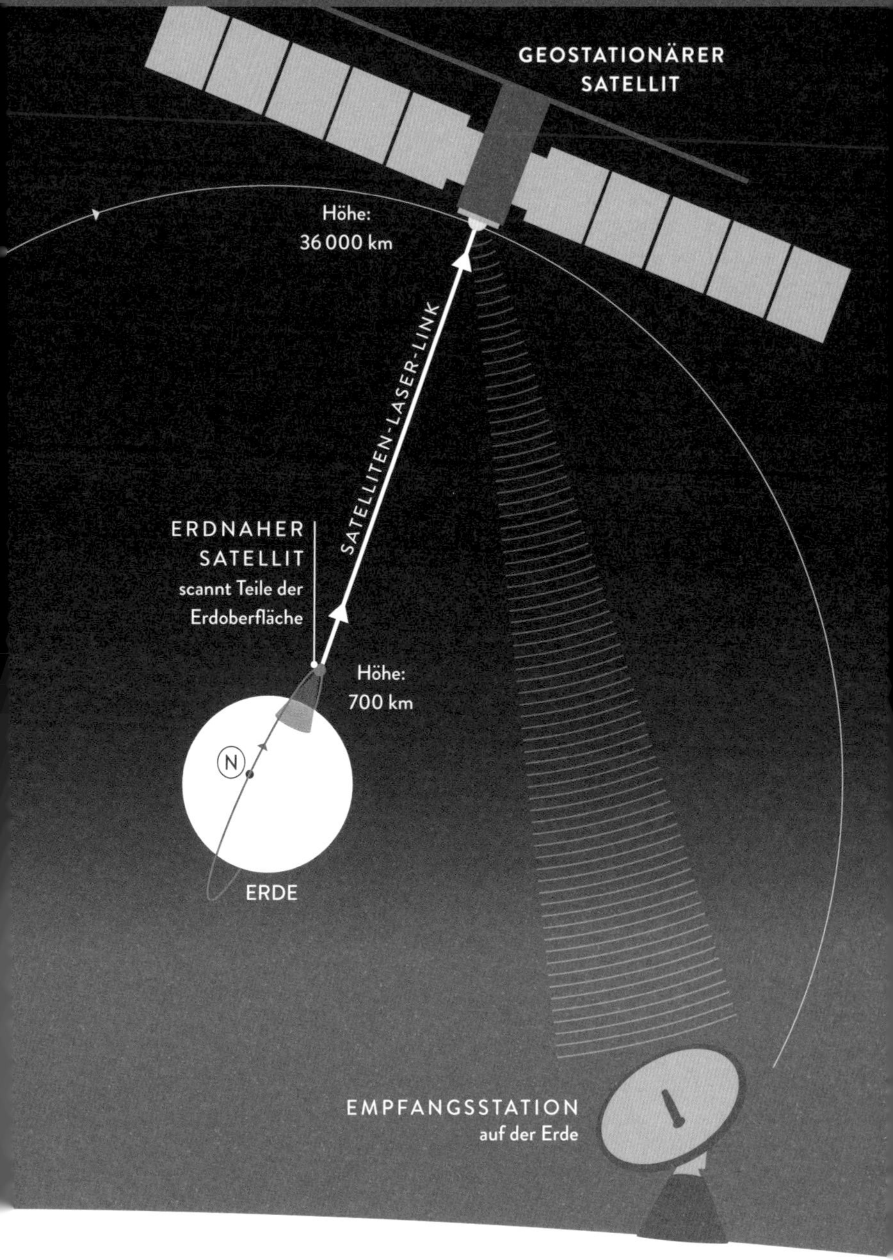

GEOSTATIONÄRER SATELLIT
Höhe: 36 000 km
SATELLITEN-LASER-LINK
ERDNAHER SATELLIT
scannt Teile der Erdoberfläche
Höhe: 700 km
N
ERDE
EMPFANGSSTATION
auf der Erde

QR-CODE

Oft arbeiten Kameras und optische Sensoren mit einer intelligenten Bild- bzw. Datenverarbeitung zusammen. Der QR-Code (*Quick Response*) zeigt dies eindrucksvoll.

NUTZUNG VON QR-CODES

QR-Codes sind zweidimensionale Strichcodes. Ein Fotohandy mit passender Codeleser-Software erkennt diese Informationen und entschlüsselt sie.

AUFBAU VON QR-CODES

Neben dem Inhalt enthalten QR-Codes Zusatzelemente, damit die Software die Daten korrekt erkennt. Dazu zählen:

- Positionsmarker
- Formatangabe
- Elemente zur Synchronisation
- Versionsnummer
- Ausrichtung

Bis zu **4 000 alphanumerische Zeichen** passen auf einen QR-Code.

VORTEILE VON QR-CODES

Im Vergleich zum klassischen Strichcode können QR-Codes mehr Informationen auf kleinerer Fläche speichern und haben geringe Anforderungen an Lesegeräte.

Außerdem funktionieren sie auch, wenn sie teilweise verschmutzt oder zerstört sind:

Grafik/Text im Code — *verzerrt* — *unscharf* — *schwindelig*

BILDERFASSUNG & -DARSTELLUNG

22

KAMERAOBJEKTIVE

Mit kleinsten Smartphone-Objektiven gelingen heute brillante Bilder. Wozu braucht man dann in der Fotografie noch große Objektive?

GRÖSSENVERGLEICH

(Originalgrößen)

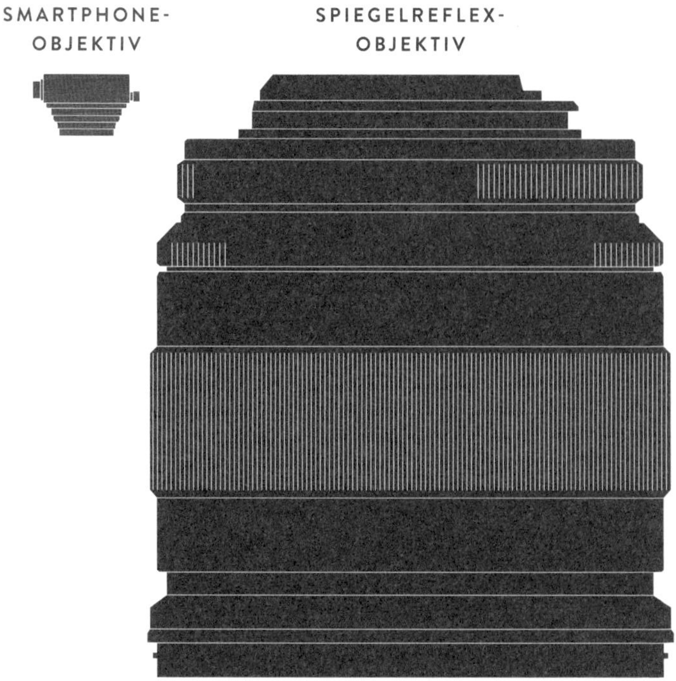

LINSENANORDNUNG

Trotz ihrer geringen Größe haben auch Smartphone-Objektive eine ausgeklügelte Optik mit komplexer Linsenanordnung.

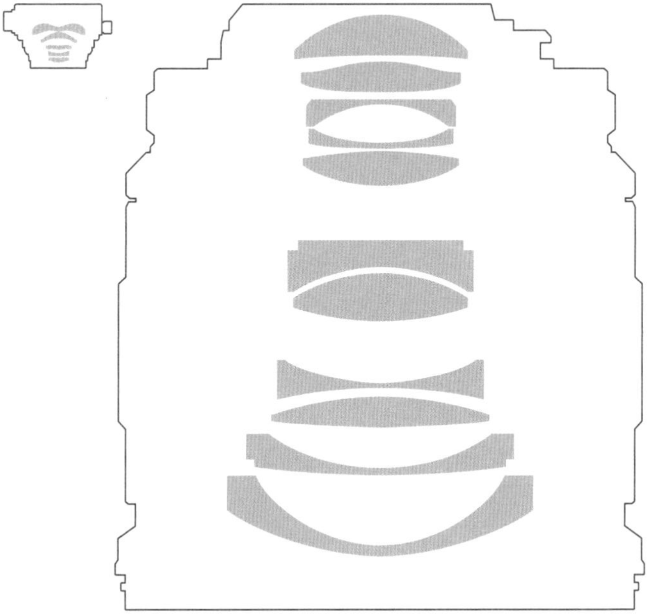

RAUMWIEDERGABE

Wichtigste Konsequenz des Größenunterschieds ist die unterschiedliche Raumwiedergabe.

SMARTPHONE-OBJEKTIV

Smartphones bilden alle Objekte von nah bis fern gleichermaßen scharf ab.

SPIEGELREFLEX-OBJEKTIV

Bei großen Spiegelreflex-Objektiven kann die Tiefenschärfe selektiv gesetzt werden.

23

GESTENSTEUERUNG

Optische Systeme können Handbewegungen berührungslos erfassen und interpretieren – ideal an sterilen Arbeitsplätzen wie im OP-Saal.

OP-HANDTRACKINGSYSTEM

Detailansicht von unten

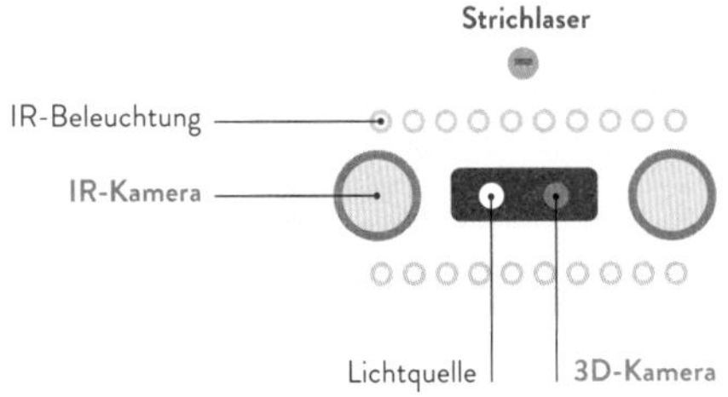

Zwei **Infrarot (IR)-Kameras** erfassen die Szene wie menschliche Augen aus leicht versetzten Perspektiven.

Eine auf der Laufzeit der Lichts basierende **3D-Kamera** verifiziert die Entfernung.

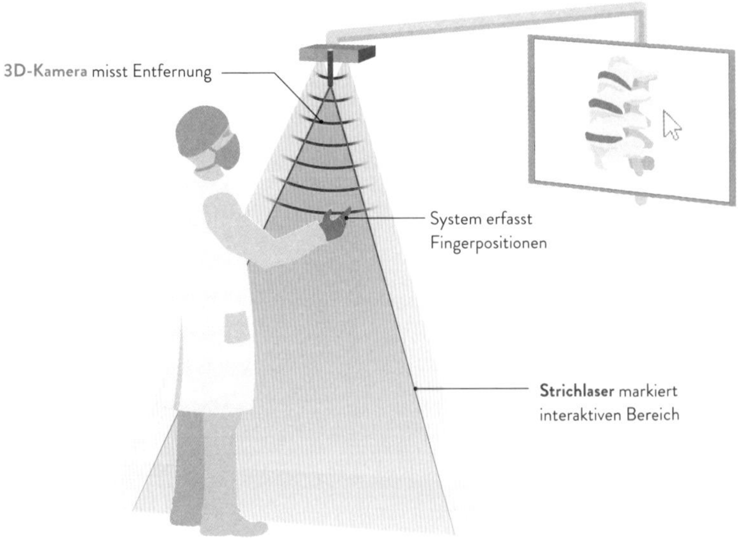

24

FLACHBILDSCHIRME

Flachbildschirme sparen im Vergleich zu früheren Röhrenbildschirmen viel Energie pro Fläche. Imposante globale Produktionskapazitäten decken die große Nachfrage nach Displays.

STROMVERBRAUCH BEI GLEICHER ANZEIGEFLÄCHE

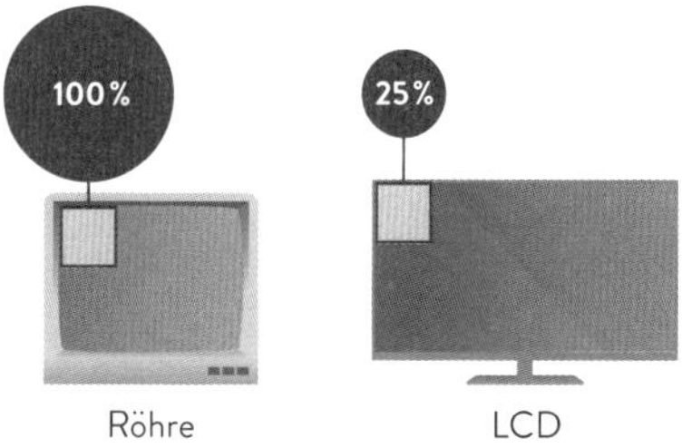

PRODUKTION VON FLACHBILDSCHIRMEN INNERHALB EINER STUNDE

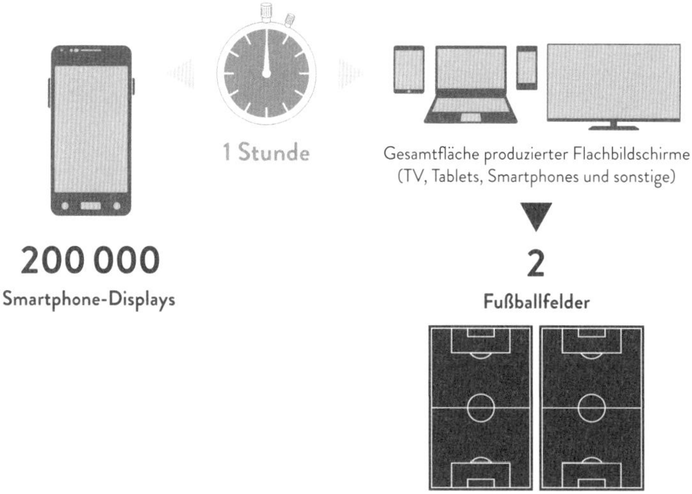

25

LCD vs. OLED

Heute dominieren LCD-Bildschirme den Markt für Flachbildschirme. Bei Smartphones erobern organische LED (OLED) einen immer größeren Marktanteil. OLED-Displays sind dünner, kontrastreicher und energiesparender, aber teurer in der Herstellung.

LCD-BILDSCHIRMAUFBAU

Dieser heute häufigste Displaytyp erzeugt Bilder durch Sperren oder Durchlassen von weißem Licht, das LEDs auf der Rückseite der Displays flächig erzeugen.

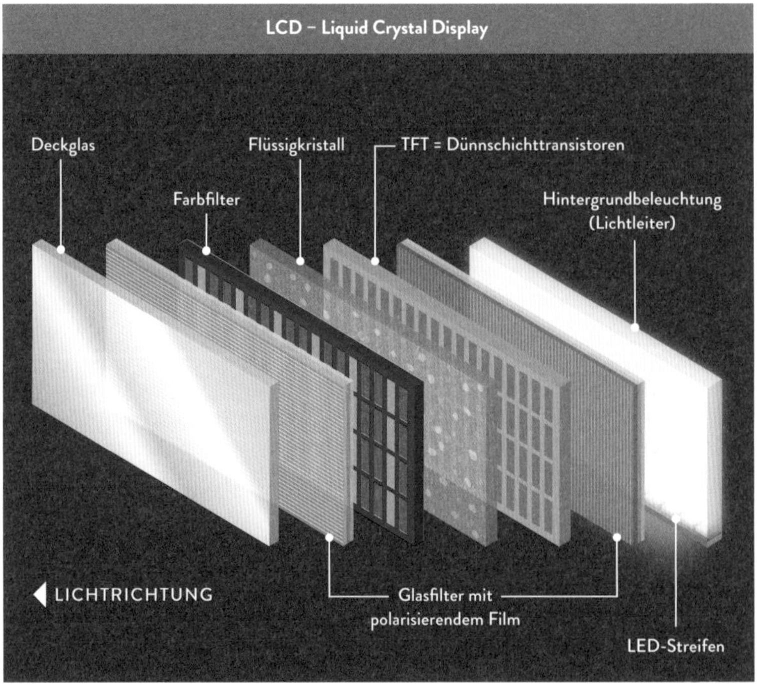

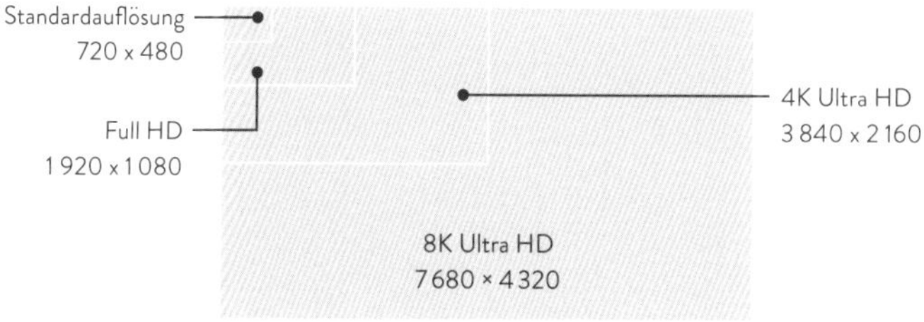

Bildschirmauflösungen
in Pixel

OLED-BILDSCHIRMAUFBAU

Organisch leuchtende Materialien in OLED-Displays benötigen keine separate Lichtquelle, wodurch ihre Bautiefe viel geringer ist.

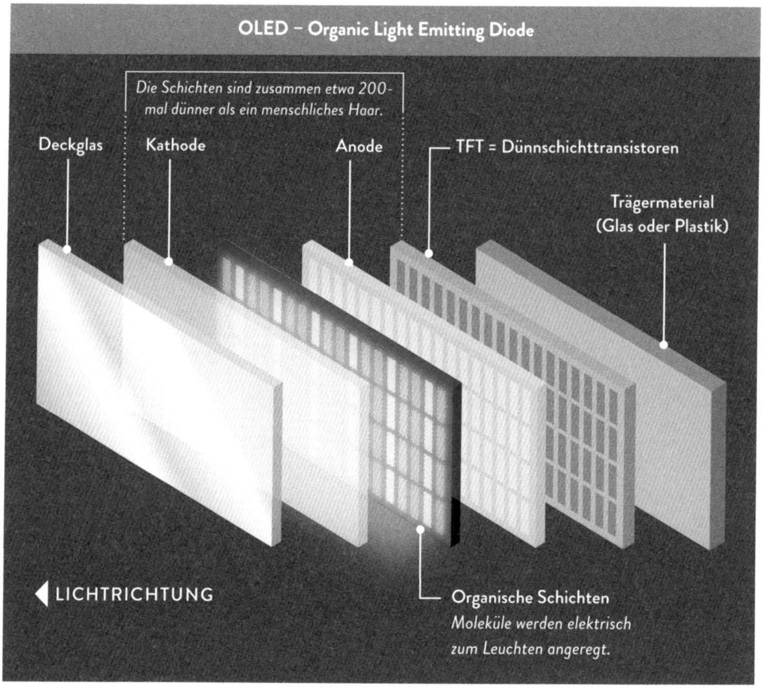

MEDIZINTECHNIK

26

BLUTZELLZÄHLUNG

In der medizinischen und biotechnischen Analytik werden mit der laserbasierten Durchflusszytometrie Tausende von Zellen pro Sekunde gezählt und charakterisiert. Blutanomalien können so schnell und sicher erkannt werden.

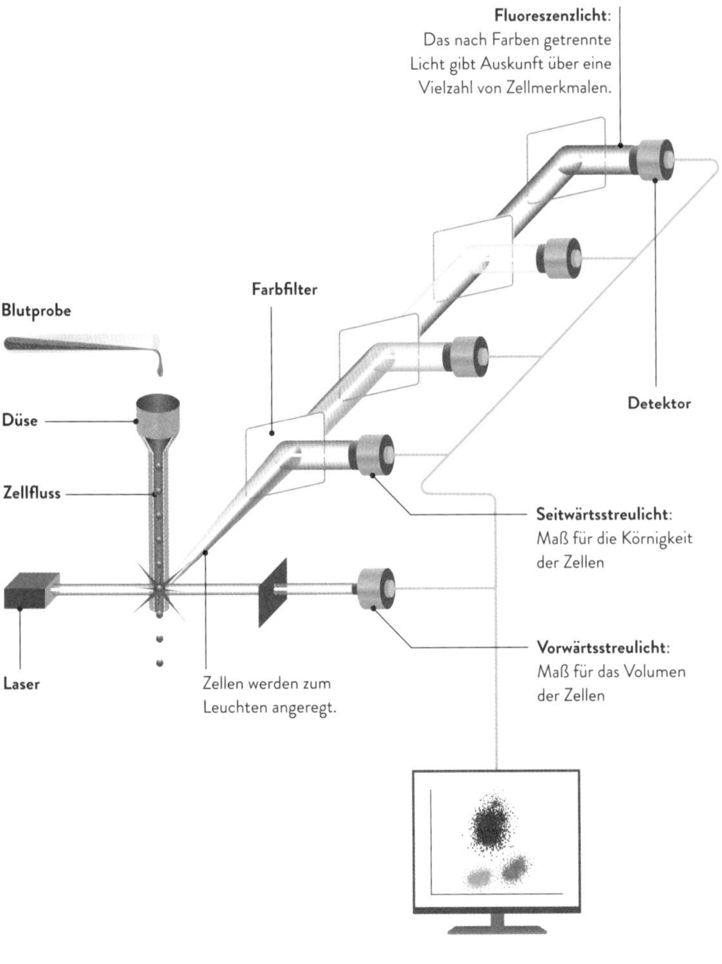

27

ENDOSKOPIE

Mit Endoskopen können Ärzte Körperhöhlen und Hohlorgane untersuchen, Krankheiten erkennen und gegebenenfalls gleich minimalinvasiv behandeln. Die nur wenige Millimeter dicken Schläuche übertragen das Licht in die eine Richtung und Echtzeitbilder hoher Auflösung in die andere.

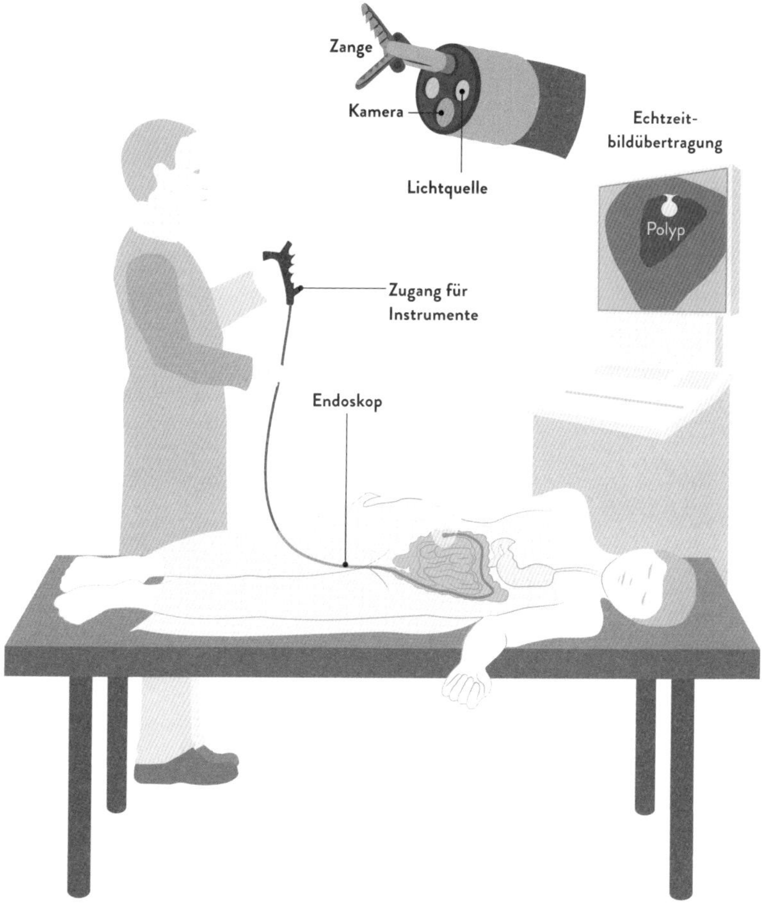

28

SEHEN VON NAH BIS FERN

Individuell angepasste Gleitsichtgläser helfen auch im Alter, in jeder Entfernung gut zu sehen. Eine Vielzahl von Parametern geht in die Berechnung eines für den Träger einzigartigen Brillenglasdesigns ein. Das errechnete Design wird mit CNC-Maschinen auf einen Mikrometer genau in individuelle Brillengläser umgesetzt.

INDIVIDUELLE PARAMETER

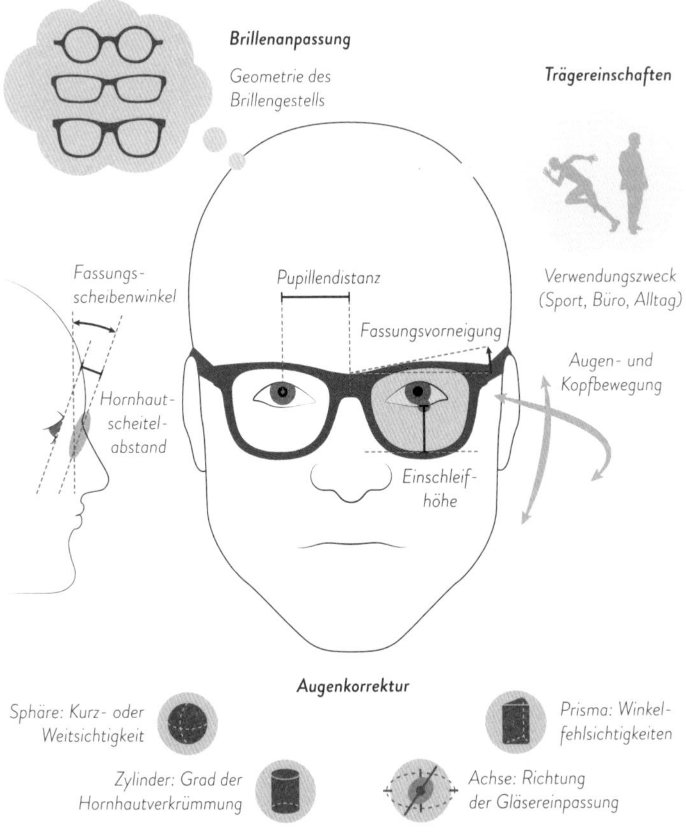

COMPUTERBERECHNETES BRILLENGLASDESIGN

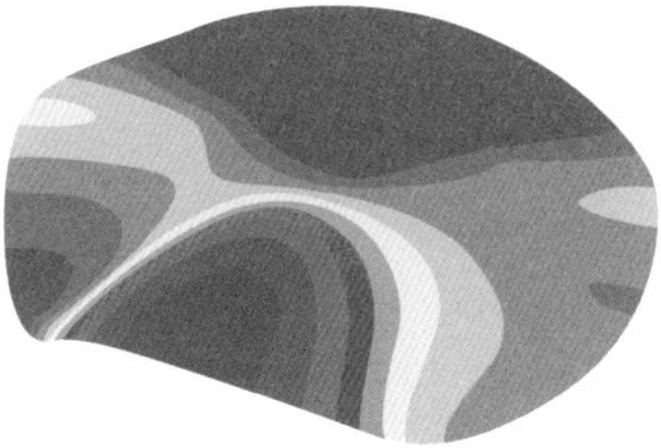

Die verschiedenen Farben indizieren die variierende Brechkraft des Brillenglases: von Rot (stark) nach Blau (schwach).

MODELL EINER GLEITSICHTBRILLE

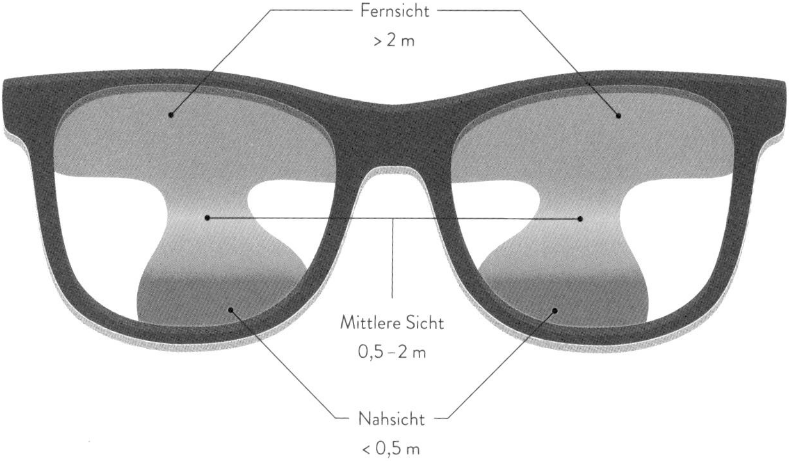

29

WIEDER KLAR SEHEN

Ab dem 60. Lebensjahr kommt es bei fast jedem Menschen zu einer schleichenden Linsentrübung – dem Grauen Star. Seine Behandlung ist die weltweit häufigste Operation. Allein in Deutschland wird sie circa 800 000 Mal pro Jahr durchgeführt. Der Einsatz des Femtosekundenlasers mit ultrakurzen Pulsen ermöglicht eine präzise und schonende Operation.

ANATOMIE DES MENSCHLICHEN AUGES

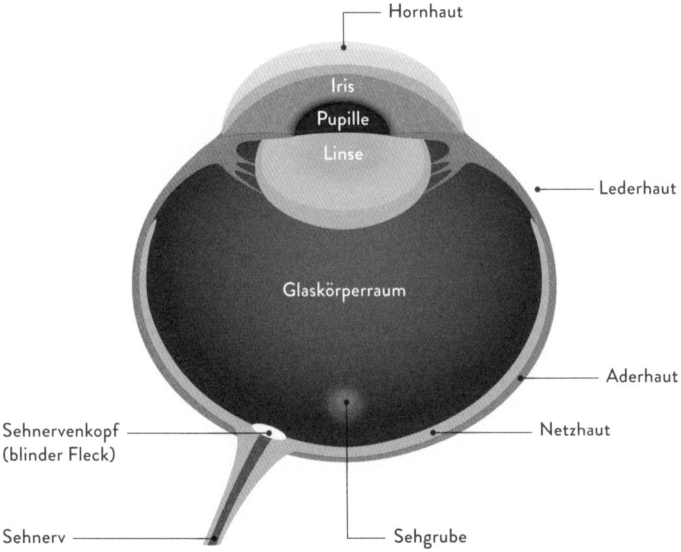

ABLAUF EINER LASER-OPERATION

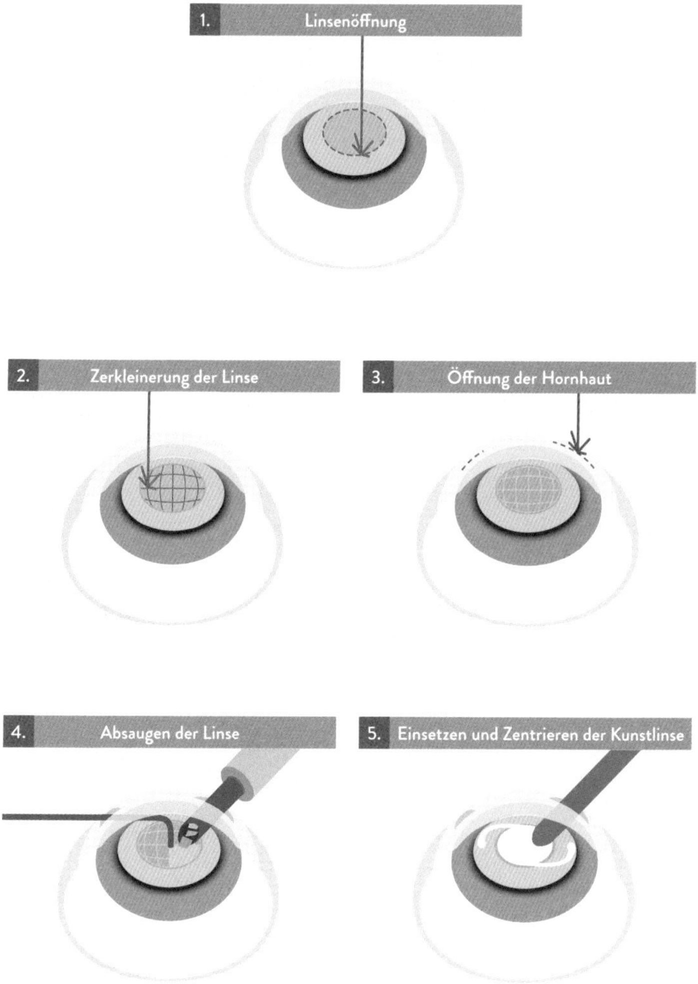

BELEUCHTUNG

30

WEISSES LED-LICHT

LED-Chips erzeugen farbiges Licht.
Durch Lumineszenzkonversion wird weißes Licht erreicht.

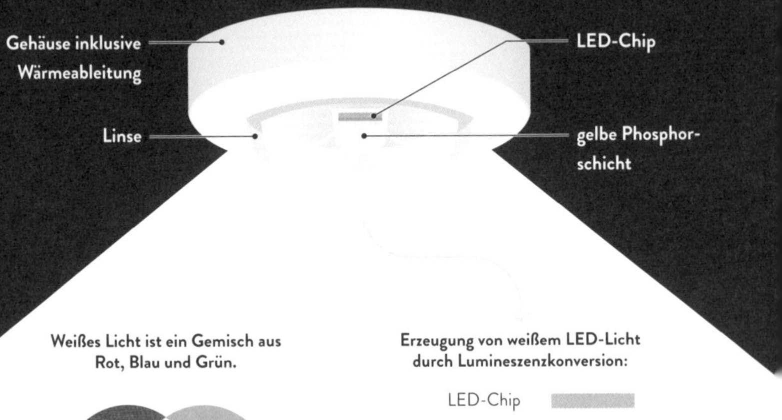
Gehäuse inklusive Wärmeableitung
LED-Chip
Linse
gelbe Phosphorschicht

Weißes Licht ist ein Gemisch aus Rot, Blau und Grün.

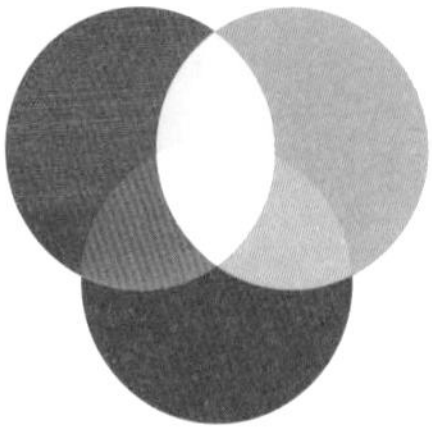

Erzeugung von weißem LED-Licht durch Lumineszenzkonversion:

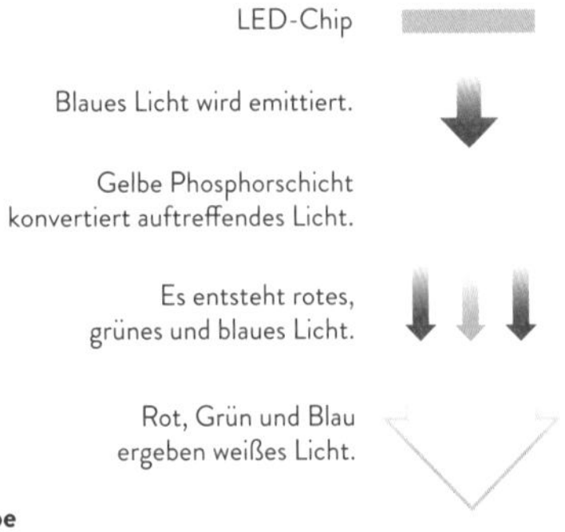
LED-Chip
Blaues Licht wird emittiert.
Gelbe Phosphorschicht konvertiert auftreffendes Licht.
Es entsteht rotes, grünes und blaues Licht.
Rot, Grün und Blau ergeben weißes Licht.

Spektrum einer weißen LED-Lampe

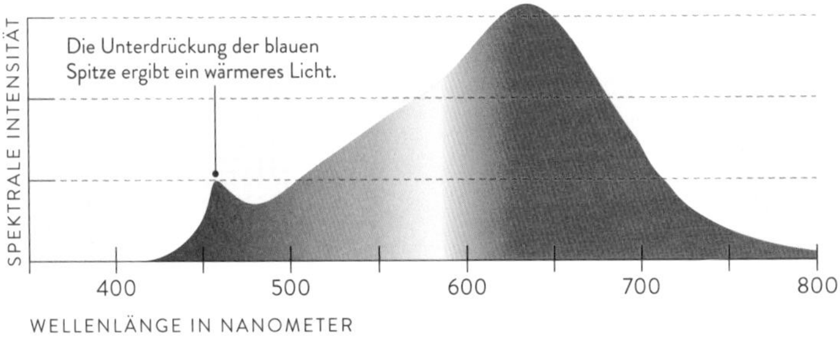
SPEKTRALE INTENSITÄT
Die Unterdrückung der blauen Spitze ergibt ein wärmeres Licht.
400
500
600
700
800
WELLENLÄNGE IN NANOMETER

31

HELLER MIT LEDs

Seit der Glühlampe wurde die Lichtausbeute von Lampentypen deutlich gesteigert. Weiße LEDs sind heute am effizientesten.

EFFIZIENZSTEIGERUNG VON LEUCHTMITTELN

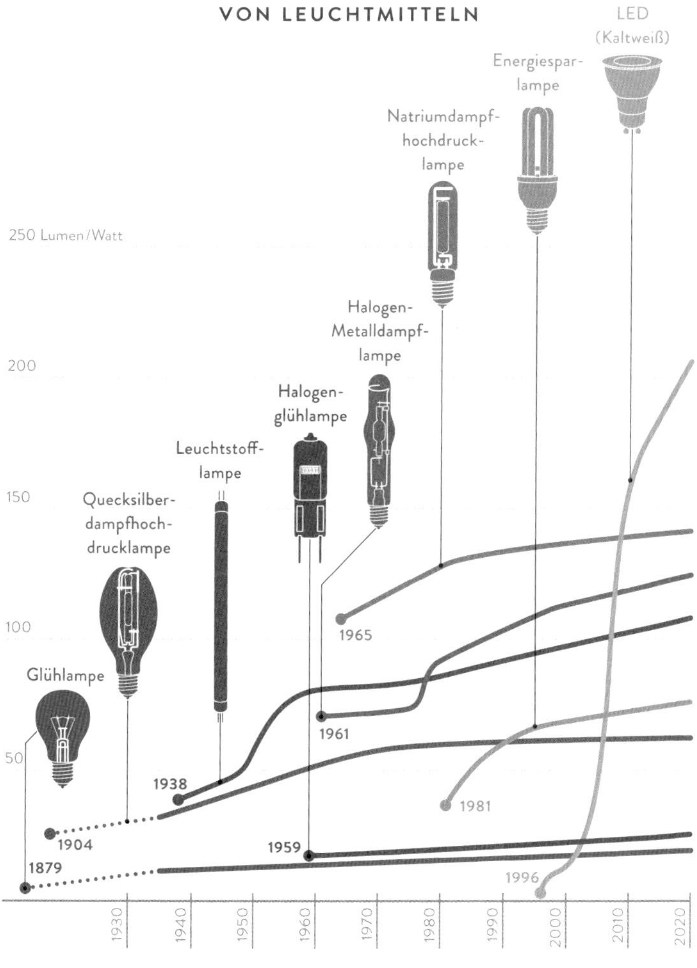

32

LAMPEN-SPEZIFIKATIONEN

War noch vor wenigen Jahren mit der Watt-Zahl fast alles über das Licht einer Haushaltslampe gesagt, sind heute fast ein halbes Dutzend Parameter zu berücksichtigen.

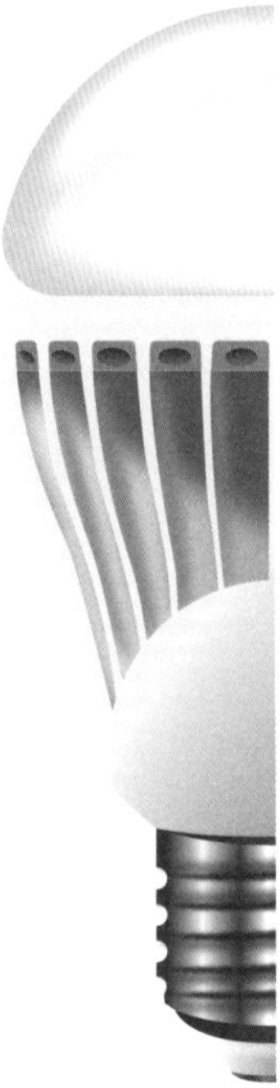

W — **Leistung** (Watt)
Elektrische Anschlussleistung

lm — **Helligkeit** (Lumen)
Wie hell das Licht der Lampe ist

T — **Farbtemperatur** (Kelvin)
Je höher die Farbtemperatur, desto kälter (blauer) das Licht

Anlaufgeschwindigkeit
Zeit, bis die Lampe voll leuchtet

Dimmbarkeit
Lampe dimmbar oder nicht

h — **Lebensdauer**
Nutzung in Stunden

R_a — **Farbwiedergabeindex**
Genauigkeit der Farbwiedergabe

10 W / 60 W — **Energieeinsparung**
Im Vergleich zur Glühlampe

Hg — **Quecksilbergehalt**
Umweltfreundlich ohne Quecksilber

36° — **Abstrahlwinkel**
Anteil nutzbaren Lichts

33

INTELLIGENTE LEUCHTEN

Eine LED-Leuchte kann für das Auge nicht wahrnehmbar sehr schnell ein- und ausgeschaltet werden. Hunderte Megabit pro Sekunde können so als zusätzliche Funktion neben der Beleuchtung auf einen mobilen optischen Empfänger übertragen werden – ganz ohne Elektrosmog oder zusätzliche Kabel.

MUSEEN

BUSSE

FLUGZEUGKABINEN

MESSESTÄNDE

34

LASERSHOWS

Lasershows zeigen wahrscheinlich am eindrucksvollsten, welche Faszination von der Photonik ausgeht.

BRILLANTE FARBEN
Maximal gesättigte Farben, wie sie nur mit Lasern möglich sind.
GRÜNE UNTERHALTUNGSTECHNOLOGIE
Der verhältnismäßig geringe Energieverbrauch sorgt für umweltfreundliche Unterhaltung großer Menschenansammlungen.
BÜHNENNEBEL
Durch Nebel wird der Strahlverlauf des Lasers sichtbar gemacht.
PUBLIKUM

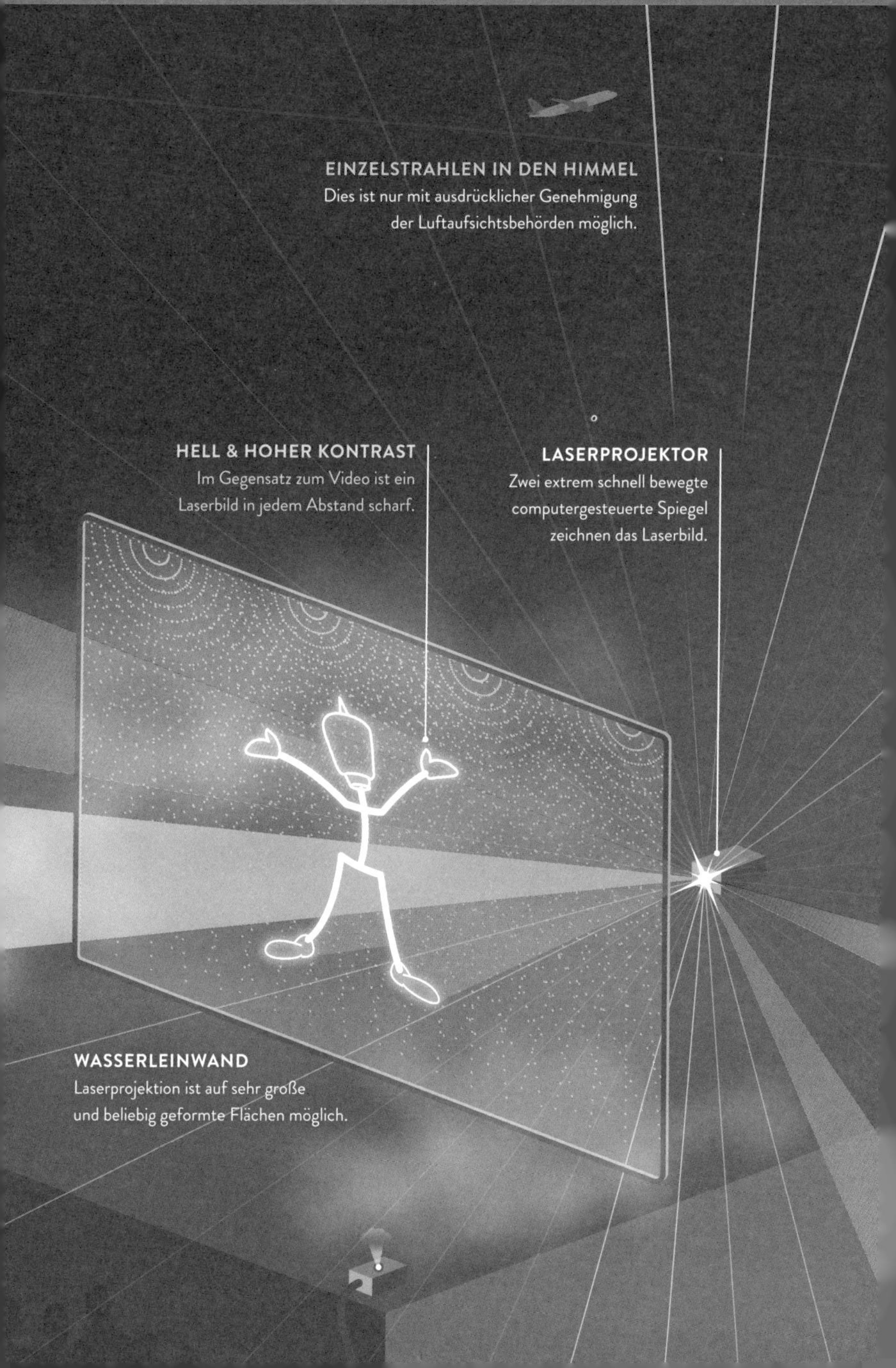
EINZELSTRAHLEN IN DEN HIMMEL
Dies ist nur mit ausdrücklicher Genehmigung der Luftaufsichtsbehörden möglich.
HELL & HOHER KONTRAST
Im Gegensatz zum Video ist ein Laserbild in jedem Abstand scharf.
LASERPROJEKTOR
Zwei extrem schnell bewegte computergesteuerte Spiegel zeichnen das Laserbild.
WASSERLEINWAND
Laserprojektion ist auf sehr große und beliebig geformte Flächen möglich.

VERKEHR

35

VERKEHRSÜBERWACHUNG

Aus der Laufzeit von ausgesendeten und reflektierten Infrarot-Laserstrahlen berechnen Messsysteme exakt die Geschwindigkeit von Fahrzeugen. Kameras erfassen bei Verkehrsüberschreitungen Bilder von Fahrzeug und Fahrer.

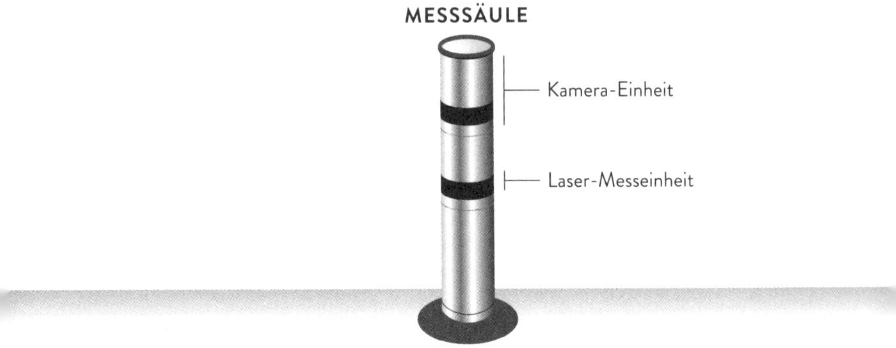

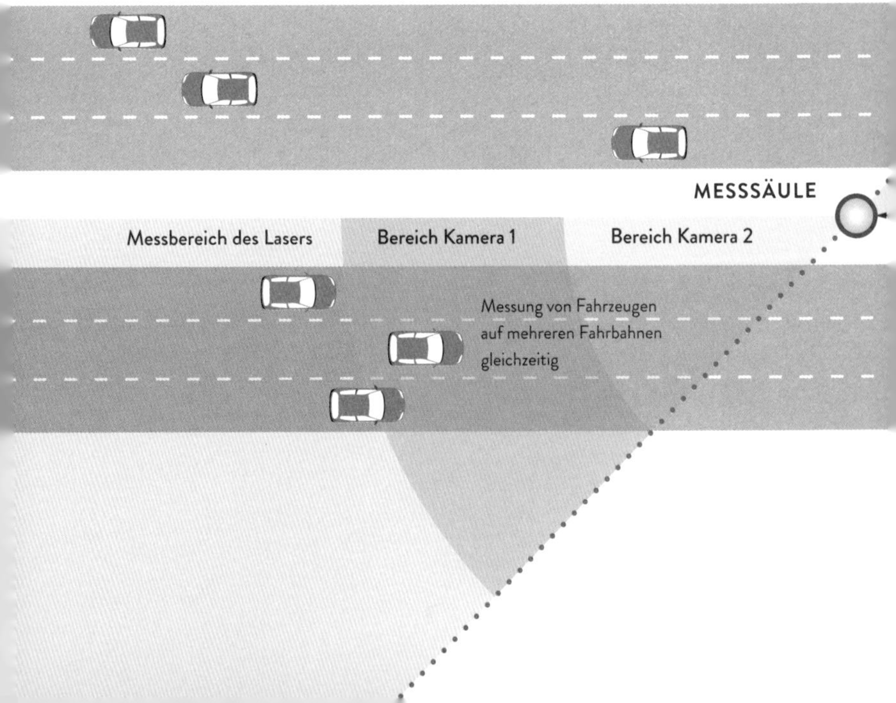

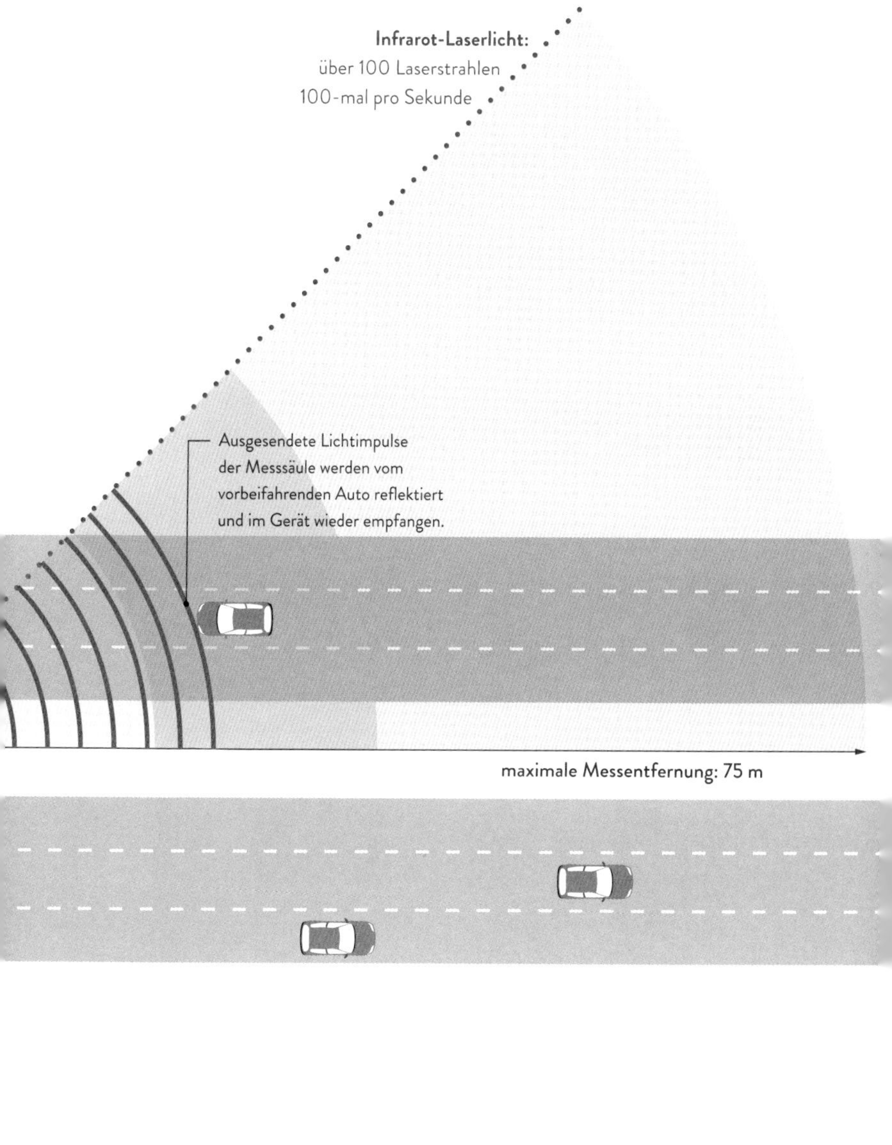
Infrarot-Laserlicht:
über 100 Laserstrahlen
100-mal pro Sekunde
Ausgesendete Lichtimpulse der Messsäule werden vom vorbeifahrenden Auto reflektiert und im Gerät wieder empfangen.
maximale Messentfernung: 75 m

36

MODERNES LICHT AM UND IM AUTO

Intelligente LED-Leuchten, kamerabasierte Assistenzsysteme und Informationsdisplays sorgen für größere Sicherheit in allen Fahrsituationen.

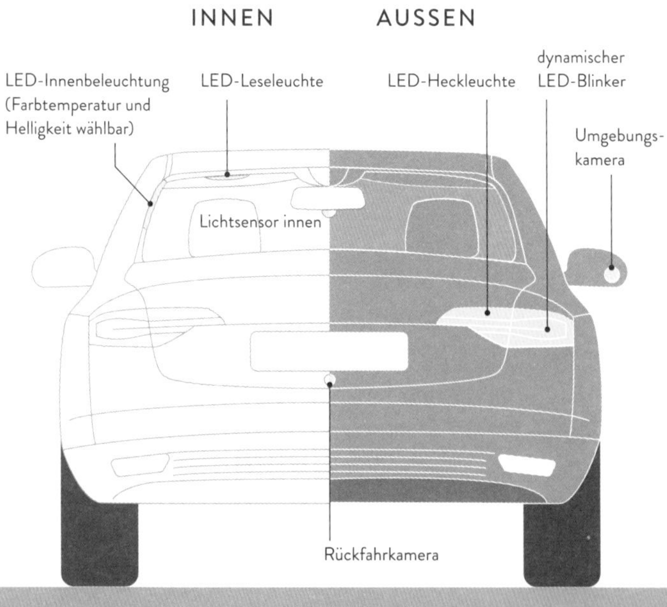

HECKANSICHT

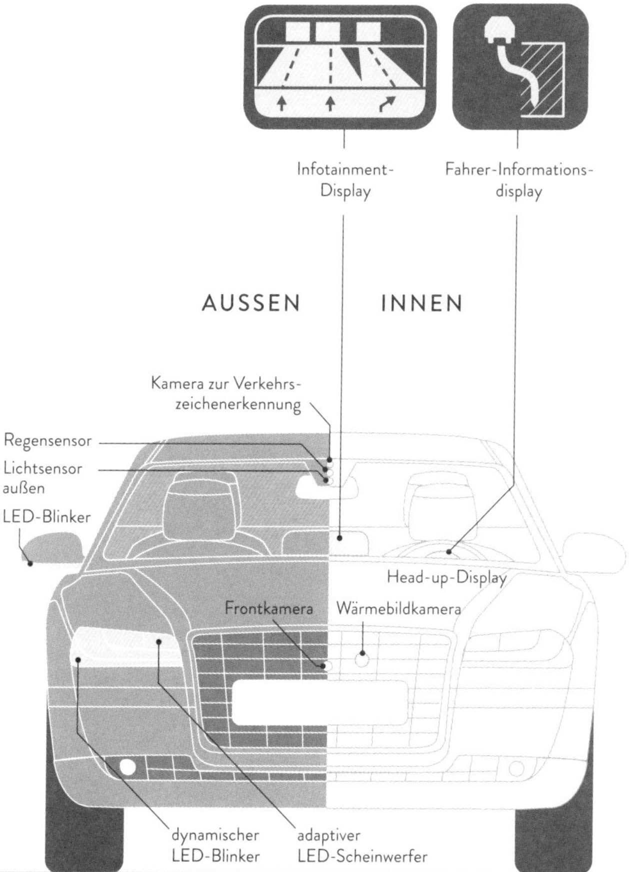
Infotainment-Display
Fahrer-Informations-display
AUSSEN
INNEN
Kamera zur Verkehrs-zeichenerkennung
Regensensor
Lichtsensor außen
LED-Blinker
Head-up-Display
Frontkamera
Wärmebildkamera
dynamischer LED-Blinker
adaptiver LED-Scheinwerfer

FRONTANSICHT

37

AUTOSCHEINWERFER

Weiter sehen: Die Kombination von LED- und Laser-Lichtquellen ermöglicht die optimale Fahrbahnausleuchtung in jeder Verkehrssituation.

LICHTKEGEL VON SCHEINWERFERN

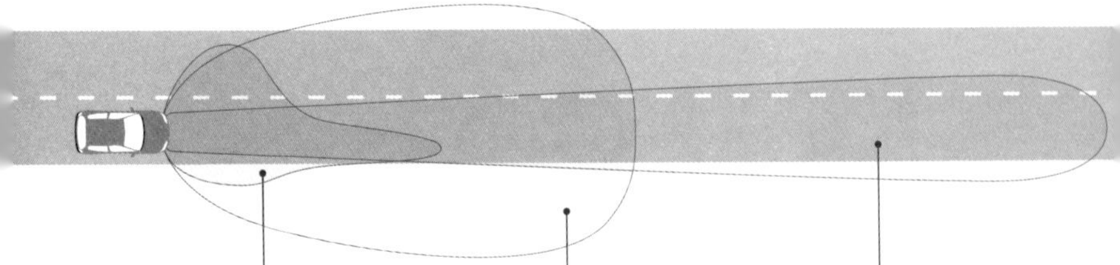

LED-Abblendlicht
Intelligente Ausleuchtung gegen Blendung des Gegenverkehrs

LED-Fernlicht
Großräumige Ausleuchtung der Verkehrssituation

Laser-Fernlicht
Weite Ausleuchtung für eine optimale Vorausschau

LASER-FERNLICHT

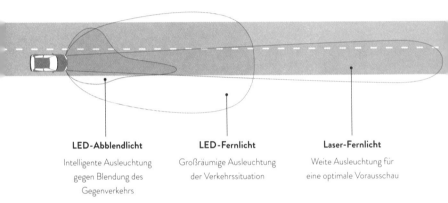

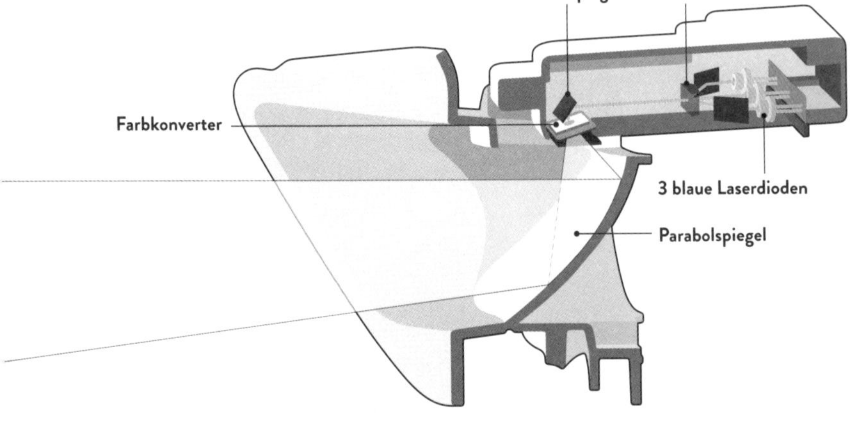

38

AIRPORT-BELEUCHTUNG

Tausende neue LED-Lampen senken auf Deutschlands größtem Flughafen Frankfurt am Main die Betriebs- und Wartungskosten.

LED vs. Halogen

	LED	Halogen
Stunden Lebensdauer	60 000	2500
Anzahl Lampen	16 000	24 000
Anschlussleistung/Lampe (W)	18	65

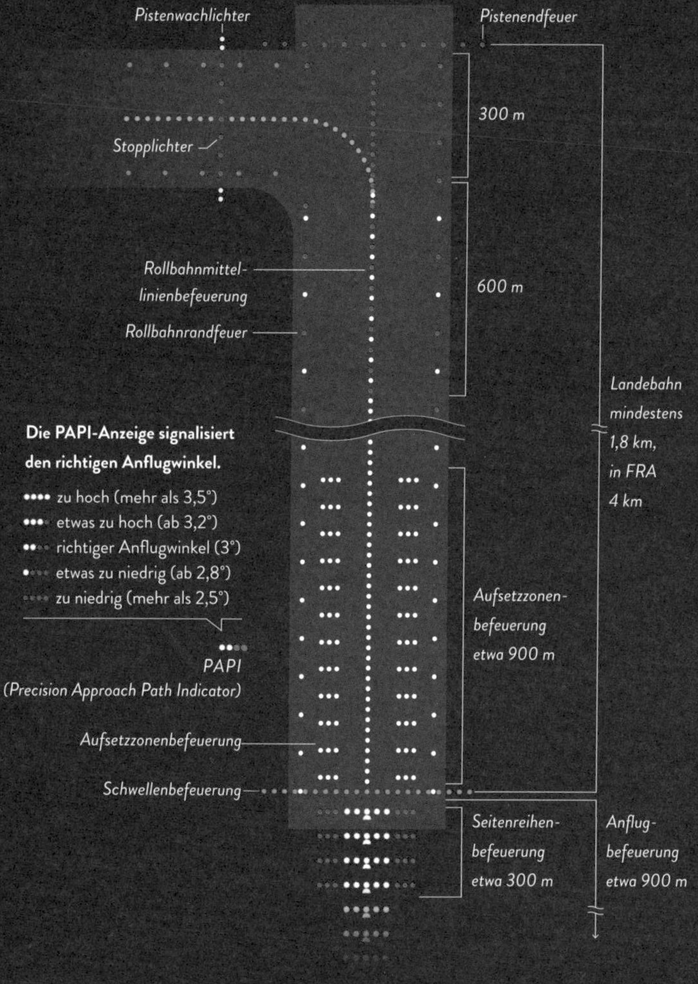

PHOTOVOLTAIK

SOLARZELLEN

Solarzellen können das Sonnenlicht direkt in elektrischen Strom umwandeln. Im Labor wurde bereits ein Wirkungsgrad von rund 45% erreicht. Im kommerziellen Einsatz ist der Wirkungsgrad gegenüber den Anschaffungskosten abzuwägen.

KOMMERZIELLE GRUNDTYPEN

Monokristalline Siliziumzellen werden aus einem runden Silizium-Einkristall geschnitten. Charakteristisch sind die fehlenden Ecken der Quadrate. Diese Form entsteht, weil der runde Querschnitt des Rohmaterials so optimal ausgenutzt wird.

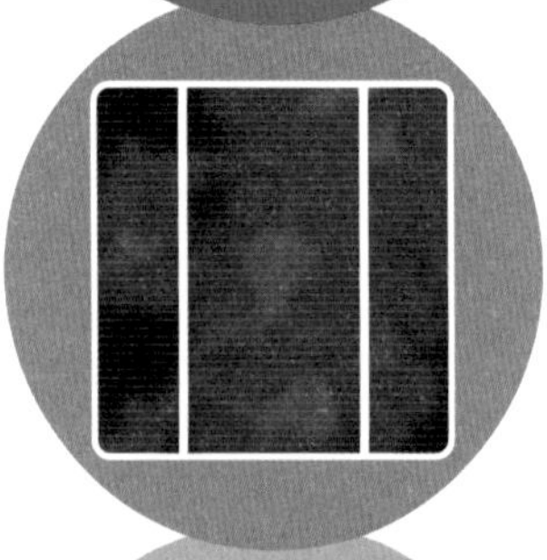

Polykristalline Siliziumzellen weisen eine charakteristische Textur auf, die sich aus den aneinanderstehenden Kristallgrenzen ergibt.

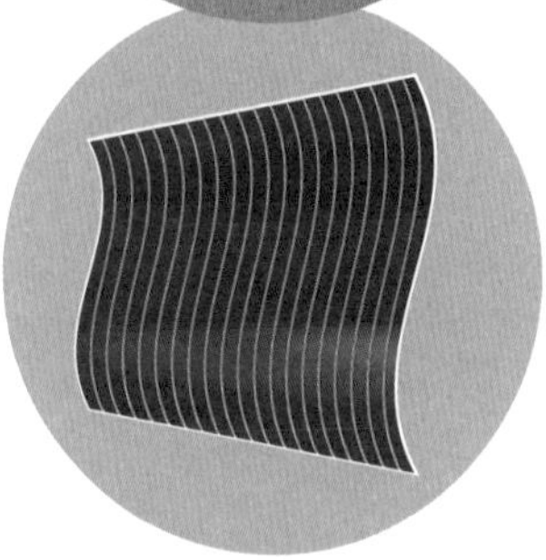

Dünnschichtzellen bestehen aus amorphem Silizium oder anderen Materialverbindungen. Sie können auf Trägermaterial aufgedampft werden, auch auf flexible Materialien.

WELTMARKTANTEILE

EIGENSCHAFTEN

Monokristalline

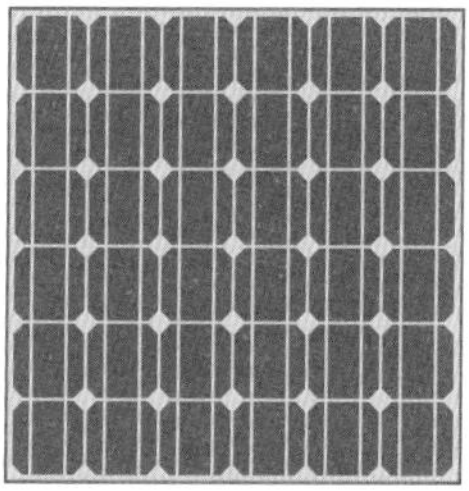

Wirkungsgrad

Anschaffungskosten

Polykristalline

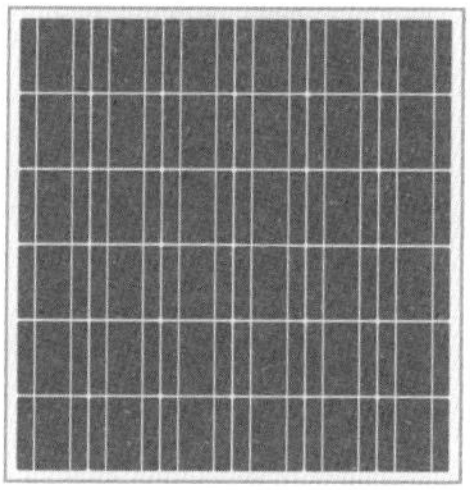

Dünnschicht

Amorphes Silizium

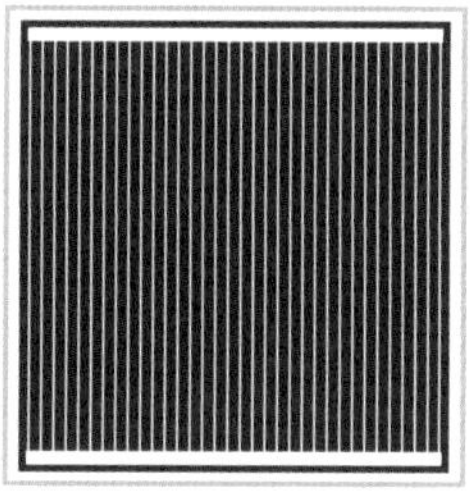

Kupfer-Indium-Diselenid

SOLARENERGIE

In keinem Land der Welt wird so viel Solarstrom pro Kopf generiert wie in Deutschland. Private Eigentümer haben daran den größten Anteil.

SOLARENERGIE-PRODUKTION

2014 in Deutschland

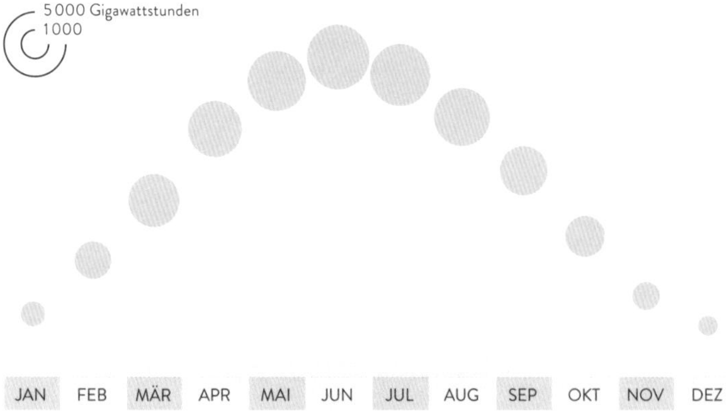

SPITZENPRODUZENTEN

Installierte Leistung 2014 pro Kopf in Watt

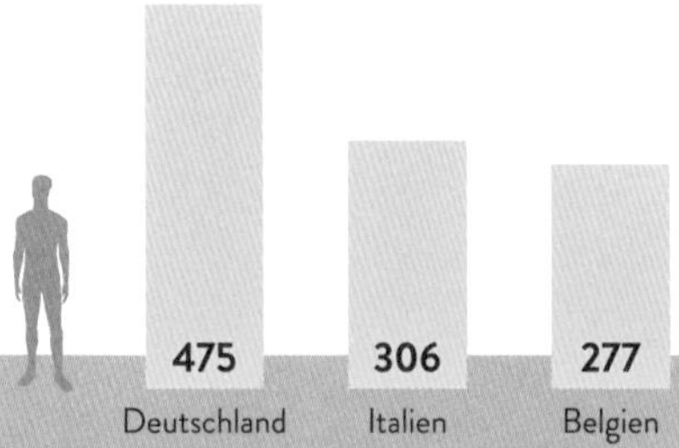

PRODUKTIONSVERGLEICH 2014

Solarenergie

32 Terawattstunden

= 32 000 000 000 Kilowattstunden

Kernenergie

Der erzeugte Photovoltaikstrom entspricht dem Strom von 3 Kernkraftwerken. Im Sommer ersetzt Solarstrom sogar bis zu 6 Kernkraftwerke.

3 bis 6 Kernkraftwerke

Braunkohle

Auf Braunkohle bezogen beträgt das Äquivalent 40 Millionen Tonnen pro Jahr.

40 Mio. T

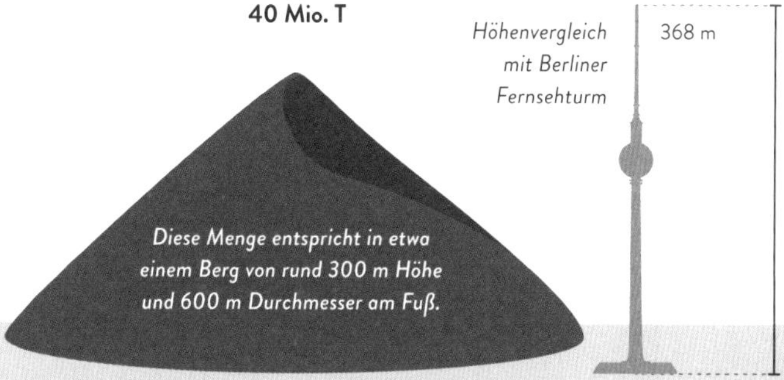
Höhenvergleich mit Berliner Fernsehturm
368 m
Diese Menge entspricht in etwa einem Berg von rund 300 m Höhe und 600 m Durchmesser am Fuß.

UMWELT

OPTISCHE MESSUNGEN IN BÜRGERPROJEKTEN

Smartphones mit ansteckbaren Minispektrometern ermöglichen es, unter Mithilfe Tausender Bürger aktuelle Umweltdaten ganzer Länder zu kartieren.

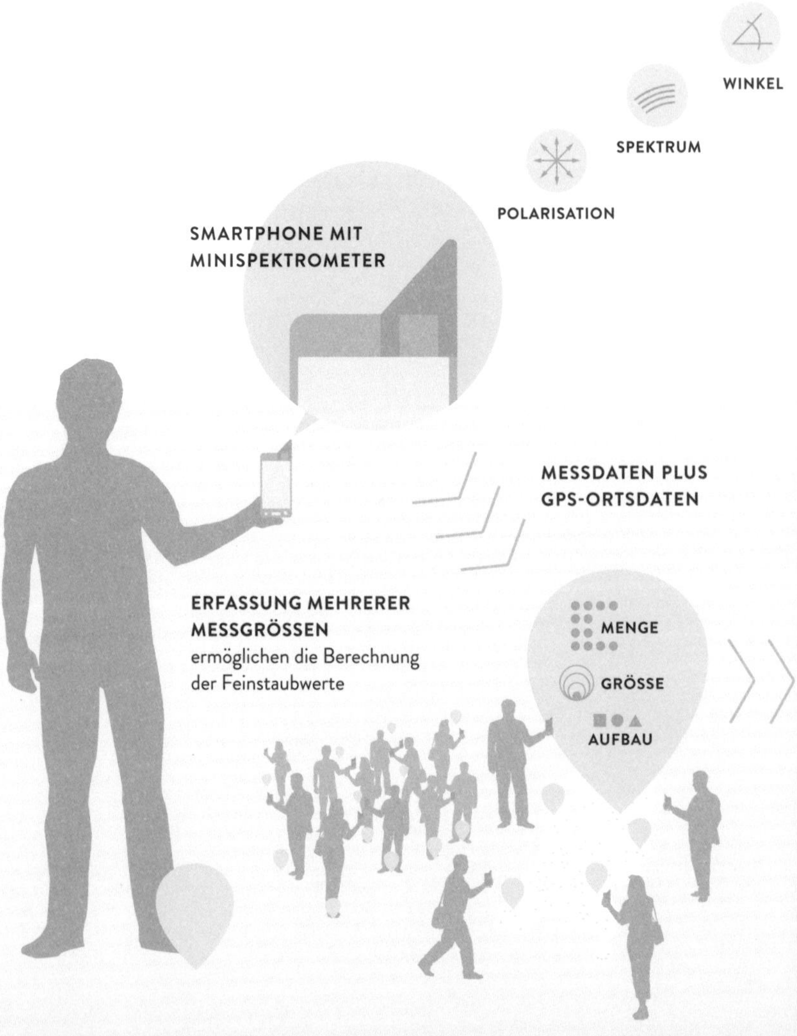

FEINSTAUB
gelangt aus verschiedenen
Quellen in die Luft

ZENTRALE DATENAUSWERTUNG
Auswertungen hinsichtlich Menge,
Partikelgröße und Zusammensetzung

ZEIT- UND ORTSGENAU KARTOGRAFIERTE DATEN
Beispiel: Niederlande

VERSCHMUTZUNG
sehr stark — sehr gering

42

WALDBRAND-ÜBERWACHUNG

Mit optischen Sensorsystemen werden große Waldflächen Tag und Nacht automatisiert auf Brände überwacht.

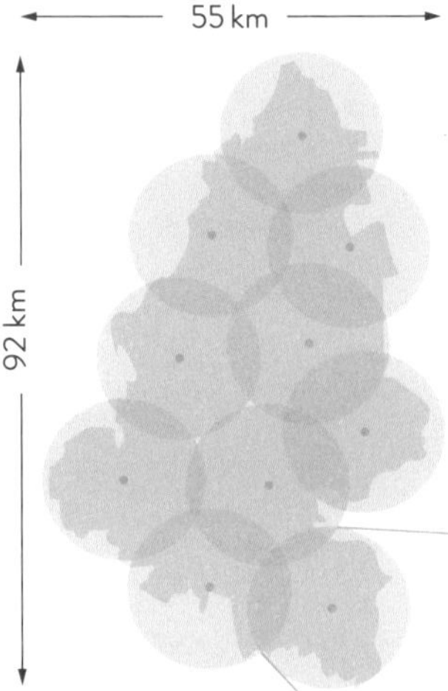

BEISPIEL
Überwachung des Landkreises Teltow-Fläming nahe Berlin

ÜBERWACHTE FLÄCHE

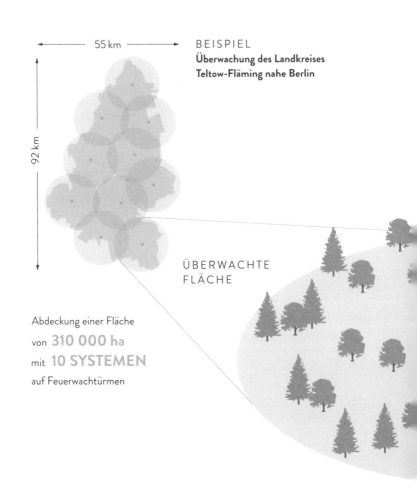

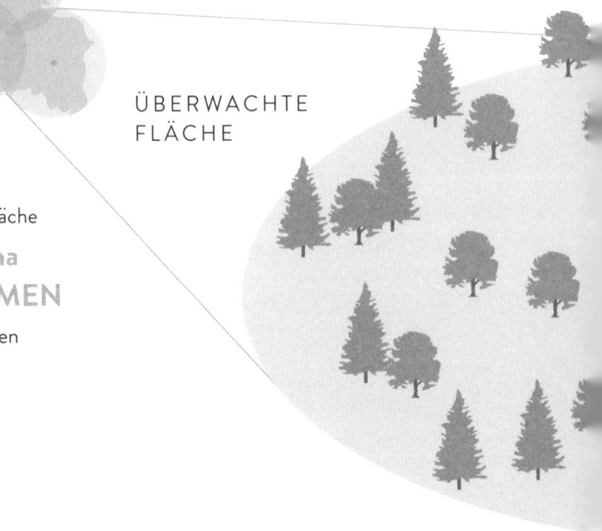

Abdeckung einer Fläche
von **310 000 ha**
mit **10 SYSTEMEN**
auf Feuerwachtürmen

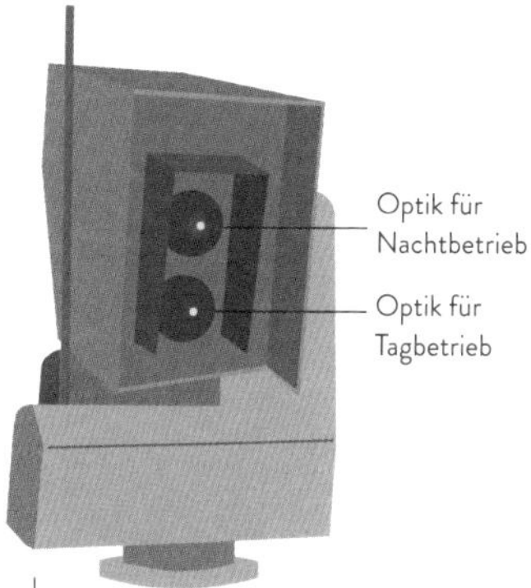

Das optische Sensorsystem registriert automatisch Rauchentwicklungen im sichtbaren und infraroten Spektralbereich. Die Kamera dreht sich dazu in Schritten innerhalb von 6 Minuten um die eigene Achse.

OPTISCHES SENSORSYSTEM

WALDBRAND-MELDEZENTRALE

bekommt im Detektionsfall Daten und Bilder

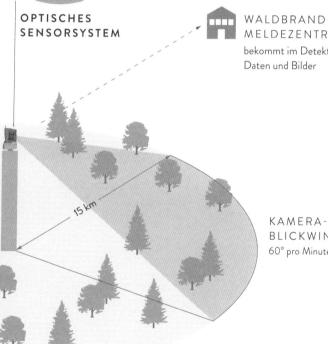

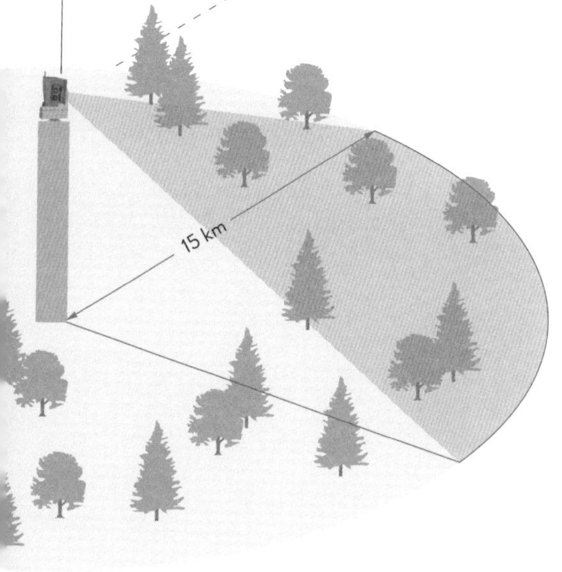

KAMERA-BLICKWINKEL

60° pro Minute

OPTISCHE HAUSMÜLLSORTIERUNG

Um aus Bergen von Hausmüll viele Materialien sortenrein wiedergewinnen zu können, werden leistungsstarke Sortieranlagen eingesetzt. Multispektralkameras erfassen im Zusammenspiel mit schneller Bildverarbeitungssoftware in Bruchteilen einer Sekunde, welches Teil in welchen Rohstoffbehälter geblasen werden soll.

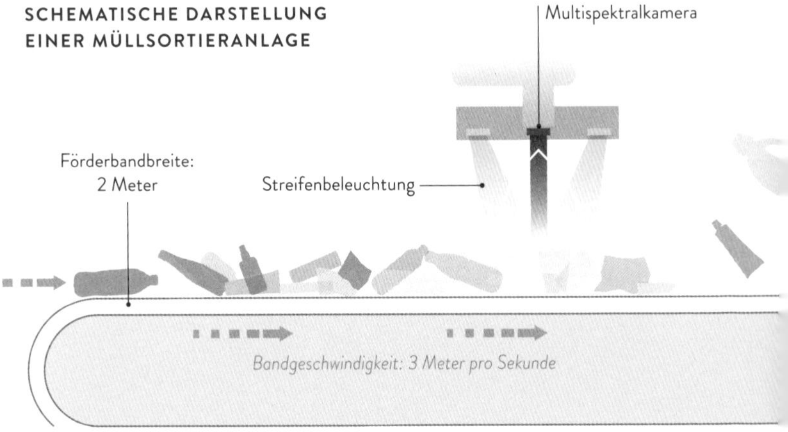

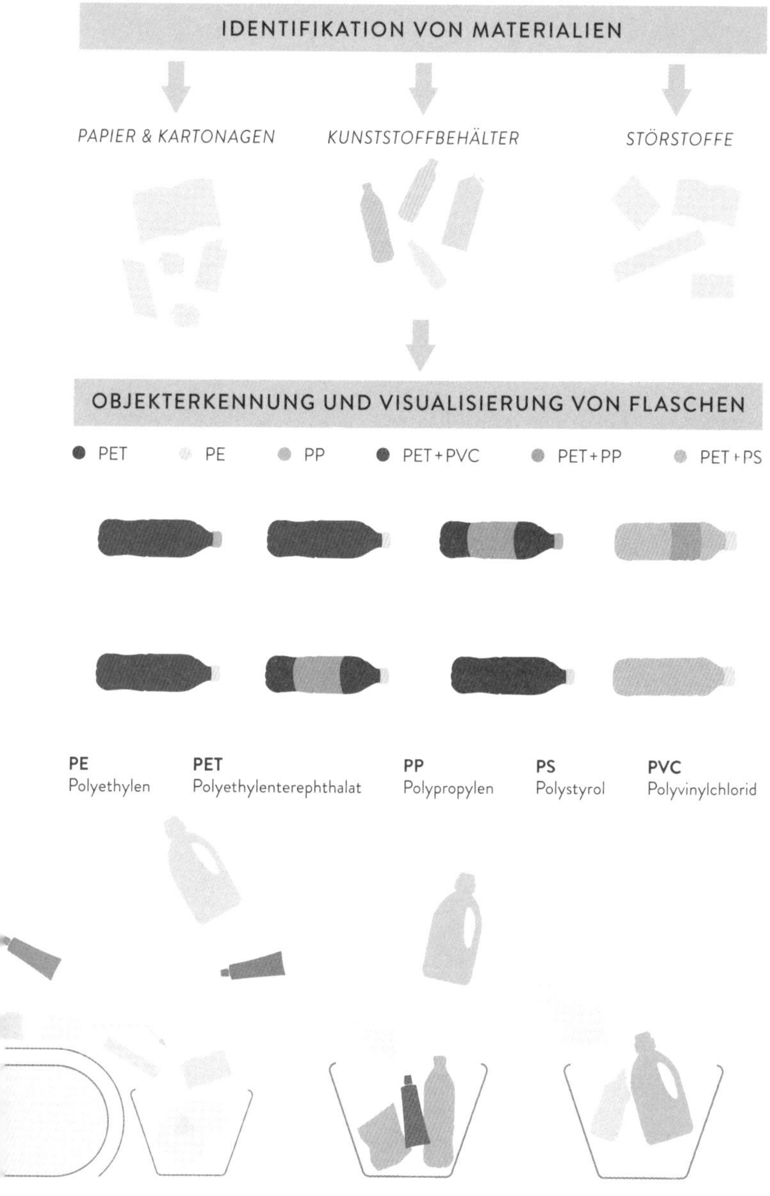
IDENTIFIKATION VON MATERIALIEN
PAPIER & KARTONAGEN
KUNSTSTOFFBEHÄLTER
STÖRSTOFFE
OBJEKTERKENNUNG UND VISUALISIERUNG VON FLASCHEN
PET
PE
PP
PET+PVC
PET+PP
PET+PS
PE
Polyethylen
PET
Polyethylenterephthalat
PP
Polypropylen
PS
Polystyrol
PVC
Polyvinylchlorid

FORSCHUNG
& WIRTSCHAFT

44

PHOTONIK ALS BRANCHE

Der Name Photonik hat sich innerhalb weniger Jahrzehnte von einem Fachbegriff aus der Forschung zu einer Branchenbezeichnung entwickelt, die heute alle technischen Anwendungen des Lichts umfasst.

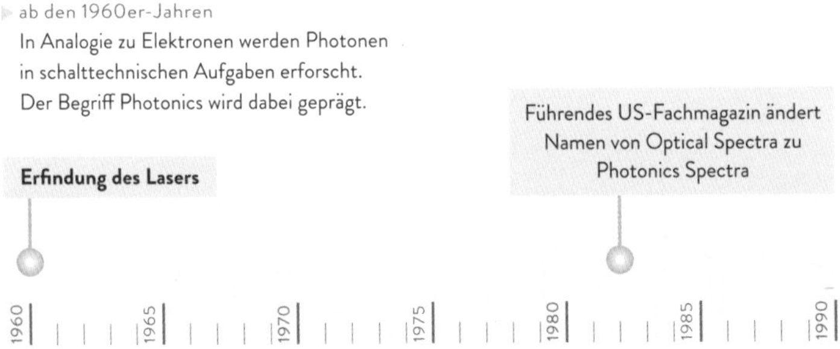
ab den 1960er-Jahren
In Analogie zu Elektronen werden Photonen in schalttechnischen Aufgaben erforscht. Der Begriff Photonics wird dabei geprägt.
Erfindung des Lasers
Führendes US-Fachmagazin ändert Namen von Optical Spectra zu Photonics Spectra
1960
1965
1970
1975
1980
1985
1990

Public Private Partnership
zwischen Europäischer Kommission
und europäischer Photonik-Branche

Photonics21 Roadmap
als Strategie für die europäische
Photonik in den Jahren 2014–2020

Gründung der amerikanischen
National Photonics Initiative zur
Förderung der Photonik in den USA

Im Rahmen der Hightechstrategie für
Deutschland ersetzt die Photonik den bisher
verwendeten Begriff der Optischen Technologien

Europäische Kommission
definiert die Photonik als
Schlüsseltechnologie

Gründung der europäischen
Interessenvereinigung
Photonics21

Führendes deutsches Fachmagazin ändert
Namen von LaserOpto zu Photonik

1995 2000 2005 2010 2015 2020

45

PHOTONIK IN DER WELT

Die Photonik ist heute eine globale Industrie. Die Grafik zeigt die stärksten Marktsegmente in den einzelnen Regionen.

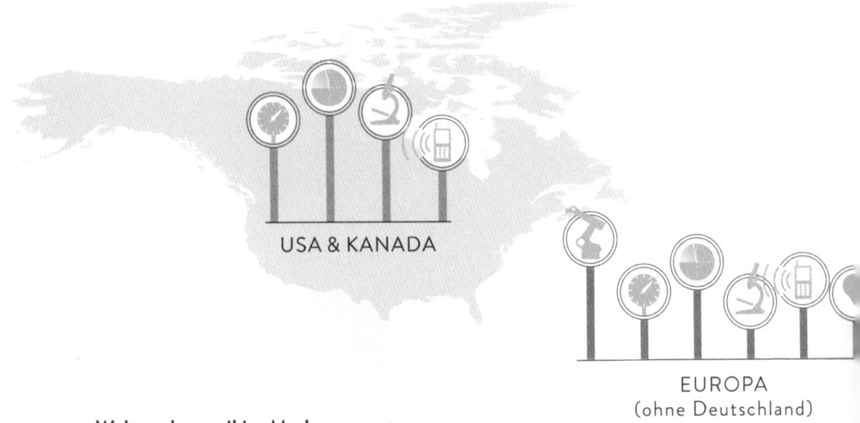

Weltmarktanteil im Marktsegment
(Angaben in %)

Zur Betonung der regionalen Stärken sind nur Marktanteile über 10 % dargestellt.

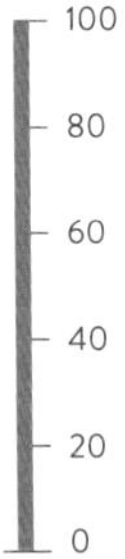

Marktsegmente

Produktionstechnik

Bildverarbeitung & Messtechnik

Sicherheits- & Verteidigungstechnik

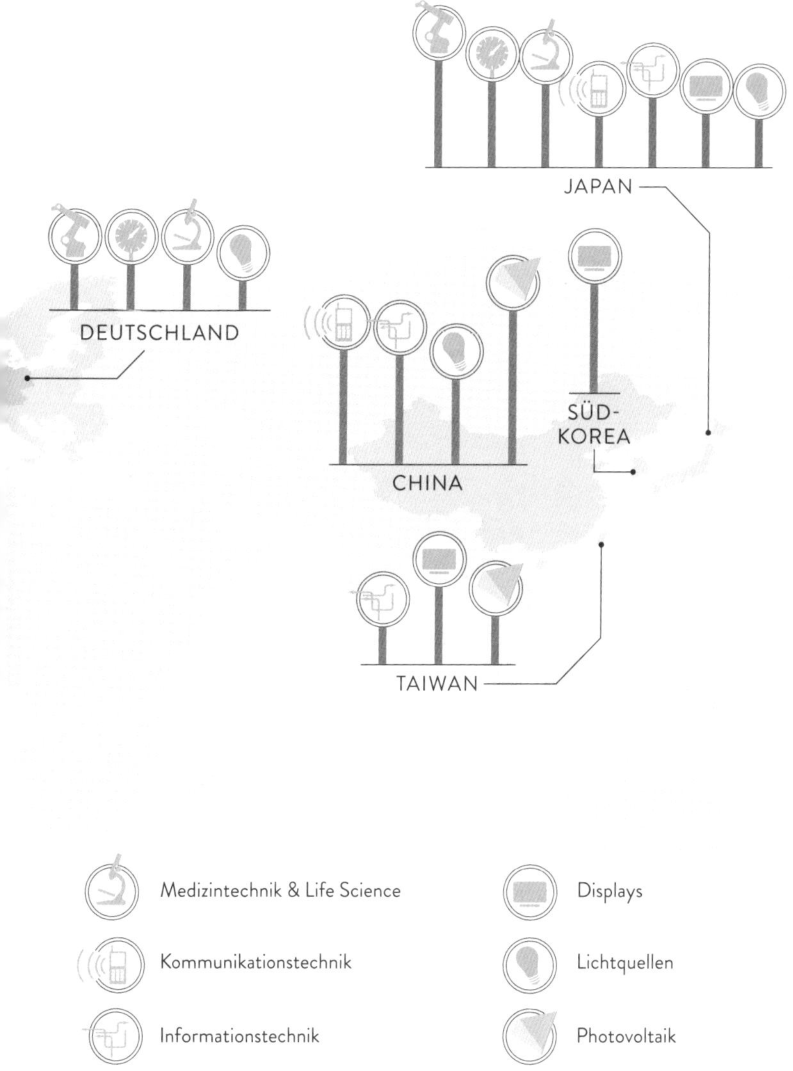
JAPAN
DEUTSCHLAND
SÜD-
KOREA
CHINA
TAIWAN
Medizintechnik & Life Science
Kommunikationstechnik
Informationstechnik
Displays
Lichtquellen
Photovoltaik

46

PHOTONIK DEUTSCHLAND

DIE DEUTSCHE PHOTONIKINDUSTRIE

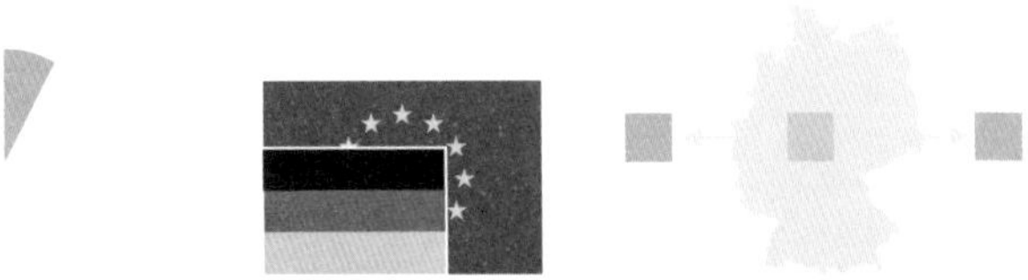

Die deutsche Photonik-branche hat einen Weltmarktanteil von **8 %**

Der Marktanteil innerhalb der EU beträgt **43 %**

2/3 der Produkte werden exportiert

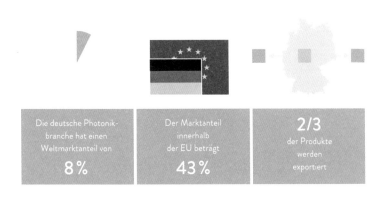

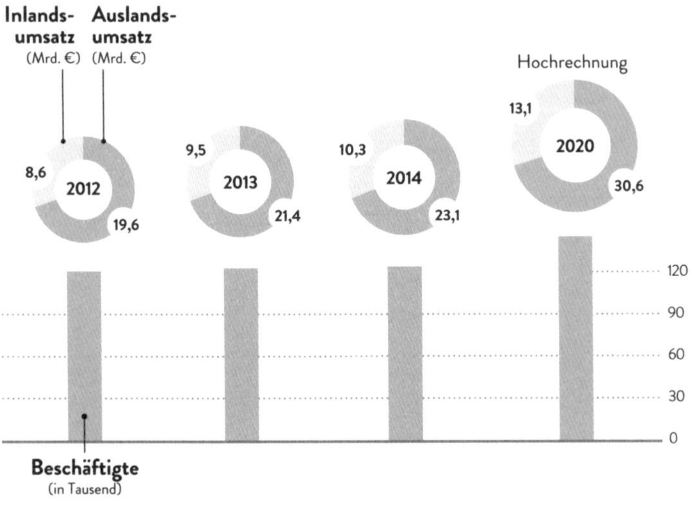

STANDORTE

In der Summe machen über 1000 Unternehmen sowie die Universitäten, Hochschulen und Forschungseinrichtungen die Stärke der deutschen Photonik aus.

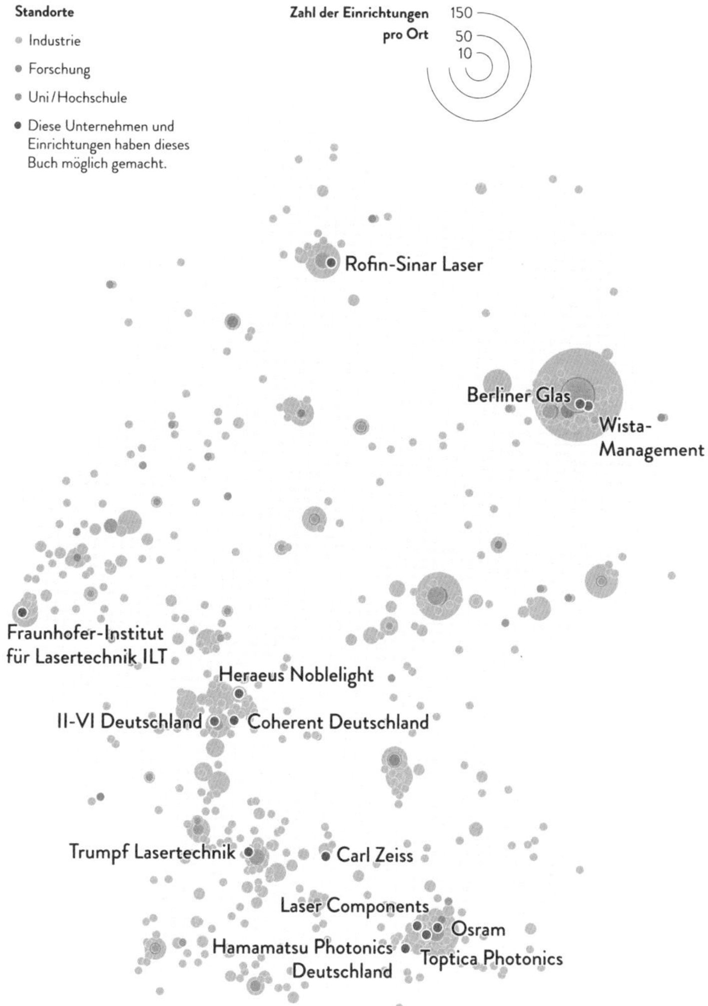

NOBELPREISTRÄGER

Nobelpreisträger mit Bezug zur Photonik seit Erfindung des Lasers 1960

ANZAHL DER PREISTRÄGER

nach Ländern zum Zeitpunkt der Preisvergabe

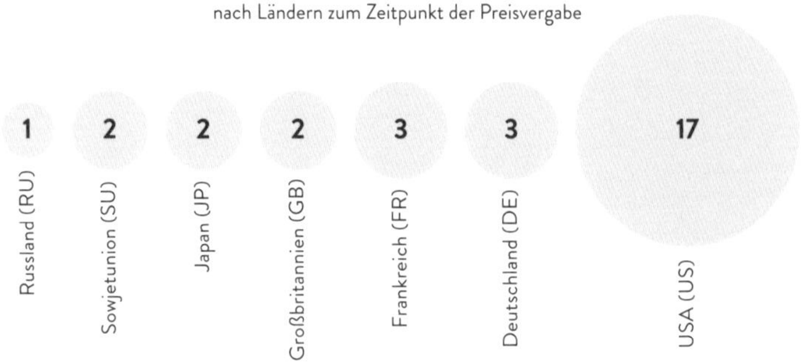
1
Russland (RU)
2
Sowjetunion (SU)
2
Japan (JP)
2
Großbritannien (GB)
3
Frankreich (FR)
3
Deutschland (DE)
17
USA (US)

NOBELPREISTRÄGER

mit ausgezeichnetem Forschungsprojekt

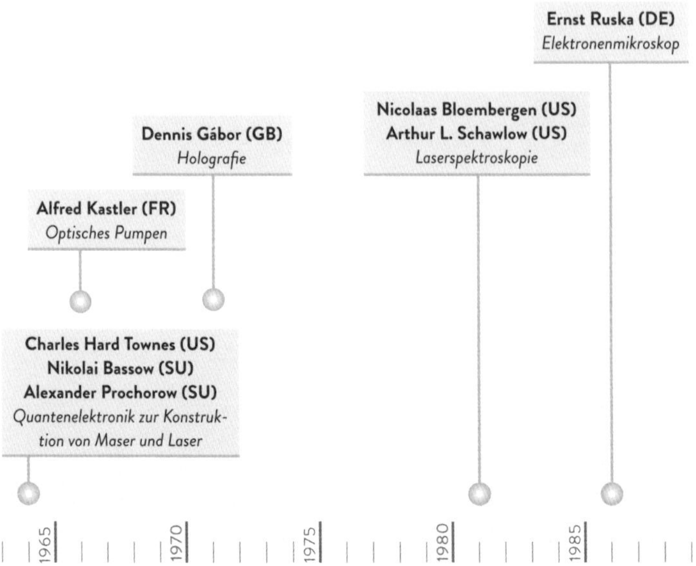
Ernst Ruska (DE)
Elektronenmikroskop
Nicolaas Bloembergen (US)
Arthur L. Schawlow (US)
Laserspektroskopie
Dennis Gábor (GB)
Holografie
Alfred Kastler (FR)
Optisches Pumpen
Charles Hard Townes (US)
Nikolai Bassow (SU)
Alexander Prochorow (SU)
Quantenelektronik zur Konstruktion von Maser und Laser
1965
1970
1975
1980
1985

Eric Betzig (US)
William E. Moerner (US)
Stefan W. Hell (DE)
Superhochauflösende
Fluoreszenzspektroskopie

Isamu Akasaki (JP)
Hiroshi Amano (JP)
Shuji Nakamura (US)
Blaue Laserdioden

Serge Haroche (FR)
David J. Wineland (US)
Quantenoptik, Laserkühlung
und Frequenzstandards

Willard Boyle (US)
George Elwood Smith (US)
CCD-Sensor

John Lewis Hall (US)
Theodor Hänsch (DE)
Hochgenaue Laserspektroskopie

Wolfgang Ketterle (US)
Carl E. Wieman (US)
Eric A. Cornell (US)
Erzeugung eines Bose-Einstein-
Kondensates mit Laserkühlung

Schores Alfjorow (RU)
Herbert Kroemer (US)
Grundlegende Entwicklungen
zu Laserdioden

Charles Kuen Kao
(GB)
Kommunikation
via Glasfasern

Steven Chu (US)
Claude Cohen-Tannoudji (FR)
William D. Phillips (US)
Kühlen und Einfangen von Atomen
mit Laserstrahlen

Roy Jay Glauber (US)
Quantenoptik

1990   1995   2000   2005   2010   2015

49

PHOTONIK STUDIEREN

Zahlreiche Universitäten und Hochschulen bieten Studiengänge mit dem Schwerpunkt Photonik an. In Jena ist die Auswahl am größten.

+1

50

PHOTONIK-ENTHUSIAST

Begeisterung für die Photonik lässt sich auch im Freizeitbereich ausleben.

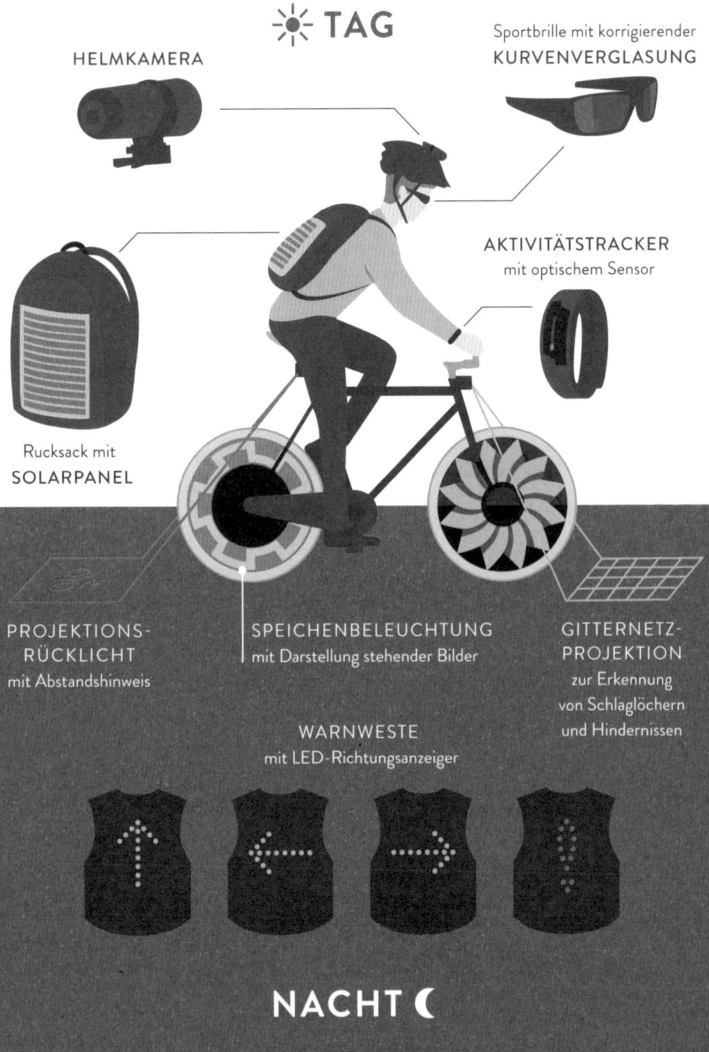

QUELLEN

01 spectaris.de
02 Wikipedia
03 Wikipedia
04 Wikipedia
05 lbl.gov • bp.com/statisticalreview (2014)
06 Wikipedia
07 Wikipedia
08 Wikipedia
09 Wikipedia
10 schott.com
11 Wikipedia
12 Wikipedia
13 Wikipedia
14 zeiss.de
15 bosch.de
16 trumpf.de
17 trumpf.de • rofin.de • coherent.com
18 ilt.fraunhofer.de
19 glasfaser.net • itwissen.info • telos.com
20 esa.int
21 Wikipedia
22 zeiss.de
23 hhi.fraunhofer.de
24 statista.com • Wikipedia
25 howstuffworks.com

26 Wikipedia
27 karlstorz.com
28 spectaris.de • zeiss.de • optikum.at
29 northtorontoeyecare.com • techfak.uni-bielefeld.de
30 osram.de
31 osram.de
32 osram.de
33 hhi.fraunhofer.de
34 lobo.de
35 vitronic.de
36 audi.de
37 audi.de • bmw.de
38 frankfurt-airport.de • caeoxfordinteractive.com
39 Wikipedia
40 solarwirtschaft.de • Wikipedia
41 ispex.nl
42 fire-watch.de
43 lla.de
44 photonics21.org • spectaris.de
45 Spectaris, VDMA, ZVEI, BMBF: PHOTONIK Branchenreport 2013 • iea-pvps.org
46 spectaris.de
47 spectaris.de
48 nobelprize.org
49 studieren.de
50 amazon.de • ebay.de

IMPRESSUM

SPECTARIS e.V.
Deutscher Industrieverband für optische, medizinische und mechatronische Technologien
&
OPTECNET DEUTSCHLAND e.V.
Innovationsnetze Optische Technologien

Redaktion:
Wenko Süptitz & Sophie Heimes, SPECTARIS e.V.

Gestaltung:
Golden Section Graphics GmbH

Lektorat:
Elke Ahrens

1. Auflage 2015
Printed in Germany

ISBN: 978-3-9817205-0-1